深远海养殖技术系列专著

深远海养殖用
纤维材料技术学

石建高　著

海洋出版社

2021 年·北京

图书在版编目（CIP）数据

深远海养殖用纤维材料技术学 / 石建高著 . — 北京：
海洋出版社，2021.11
（深远海养殖技术系列专著）
ISBN 978-7-5210-0855-5

Ⅰ.①深⋯ Ⅱ.①石⋯ Ⅲ.①深海 – 海水养殖 – 网箱
养殖 – 合成纤维 – 材料技术Ⅳ.① S967.3 ② TQ342

中国版本图书馆 CIP 数据核字（2021）第 234765 号

责任编辑：高朝君
责任印制：安　森

海洋虫版社　出版发行

http：//www.oceanpress.com.cn
北京市海淀区大慧寺路 8 号　邮编：100081
北京中科印刷有限公司印刷
2021 年 11 月第 1 版　2021 年 11 月北京第 1 次印刷
开本：787mm×1092mm　1/16　印张：10
字数：196 千字　定价：68.00 元
发行部：010-62100090　邮购部：010-62100072
总编室：010-62100034　编辑室：010-62100038
海洋版图书印、装错误可随时退换

前　言

　　开拓海水养殖新空间，开展深远海养殖是我国海水养殖可持续发展的需要，是保障我国食品安全和近海生态安全的需要，也是有效利用我国海洋资源、维护海洋权益的需要。麦康森院士曾在"2012 中国南方智库论坛——海洋经济与广东未来发展"座谈会上发表讲话，他认为，**我国应从战略高度来发展水产养殖业，开拓离岸深海养殖空间，发展大型基站式深海养殖装备技术**。2019 年，农业农村部等十部门联合印发《关于加快推进水产养殖业绿色发展的若干意见》，明确未来国家将大力支持发展深远海绿色养殖。2021 年 5 月，财政部联合农业农村部印发《关于实施渔业发展支持政策推动渔业高质量发展的通知》，明确指出"十四五"期间国家将继续重点支持建设现代渔业装备设施等。半潜式养殖装备、牧场化围栏和养殖工船等深远海养殖装备设施作为新型水产养殖模式，将在我国水产养殖中发挥重要作用。深远海养殖装备设施的高质量发展离不开（新）材料技术。近年来，渔具及渔具材料技术取得重大突破，中国水产科学研究院东海水产研究所石建高研究员课题组及其合作单位等创新研发了多种渔具新材料与养殖网具系统，并在深远海养殖业进行了测试验证或产业化应用，推动了深远海养殖技术的进步，中央电视台（CCTV）等多家媒体对相关成果进行了宣传报道。

　　中国水产养殖业的可持续发展为保障粮食安全、优化国民膳食结构、推动渔业节能减排等作出了巨大贡献。我国现有水产养殖模式包括池塘、筏式、吊笼、底播、网箱、围栏和工厂化等；其中，深远海养殖模式（如半潜式养殖装备与牧场化围栏等）具有养成鱼类品质好等优点。我国海岸线长、离岸 / 深远海水域幅员辽阔，这为开展深远海养殖提供了得天独厚的自然条件。为拓展水产养殖空间、减轻养殖环境压力、提升养成鱼类品质等，开展深远海养殖非常重要和必要。深远海养殖对于建设蓝色粮仓、发展海洋经济、保护和合理开发渔业资源、提升渔业装备设施技术水平、调整渔业产业与食用蛋白质结构、促进渔民转产转业与农民增产增收、助力乡村振兴与现代渔业的高质量发展等具有重要意义。为总结深远海养殖技术成果与实践经验，助力深远海养殖业高质量发展，中国水产科学研究院东海水产研究所石建高研究员组织相关单位编写了"深远海养殖技术"系列专著，本书为系列专著中的第一本。本书可供渔业管理部门、科技和教育部门、企业、个体户、学生、协会、专业人员以及社会其他各界人士阅读参考。

本书系统介绍了深远海网箱养殖业与围栏养殖业发展概况，重点评介了深远海养殖用纤维材料，并对半潜式养殖装备与牧场化围栏等养殖设施网衣本征防污技术、超高分子量聚乙烯（UHMWPE）纤维等渔用纤维材料检测技术进行了分析研究。本书编写单位为中国水产科学研究院东海水产研究所、农业农村部绳索网具产品质量监督检验测试中心。

本书的出版得到了工业和信息化部高技术船舶科研项目（项目名称：半潜式养殖装备工程开发；项目编号：工信部装函〔2019〕360号）、国家重点研发计划项目（2020YFD0900803）、国家自然科学基金（31972844）等多个科技项目的资助。本书在编写过程中少量采用了文献资料、媒体报道和企业网站等公开的图片，作者尽可能对图片来源进行说明或将相关文献列于参考文献中，如有疏漏之处，敬请谅解。

本书的出版也得到了中国船舶重工集团有限公司科技创新与研发项目（201817K）、泰山英才领军人才项目（2018RPNT-TSYC-001）、2020年省级促进（海洋）经济高质量发展专项资金（粤自然资合〔2020〕016号）、广西创新驱动发展专项资金项目"离岸海域设施化网箱装备研制与养殖技术创新及成果转化应用"、中国水产科学研究院东海水产研究所基本科研业务项目（2019T04）、湛江市海洋经济创新发展示范市建设项目（湛海创2017C6A、湛海创2017C6B3）等项目的支持。钟文珠在本书校对中给予了支持与帮助。著者课题组及其合作单位（如太原理工大学余雯雯教授等）、研究生（如王猛、王越）等参加了（部分）纤维材料项目的研发、检测或推广应用工作。在此一并表示感谢。

本书是国际上首部系统研究深远海养殖用纤维材料技术的重要著作，整体技术达到国际先进水平，部分理论技术与实践经验达到国际领先水平（如养殖设施网衣本征防污技术理论等）。期望本书为政府管理部门的科学决策以及产学研企协等各界朋友提供借鉴，并为实现深远海养殖业高质量发展发挥抛砖引玉的作用。本书为编写单位、著者及其团队、著者合作单位及其团队等20多年来集体智慧的结晶。由于编写时间、作者水平等所限，不当之处在所难免，恳请读者批评指正。

著者

2021年7月

目　录

第一章　深远海网箱养殖业的发展概况

深远海养殖网箱是水产养殖先进生产力的典范，在现代渔业中不可或缺。2019年，农业农村部等十部门联合印发《关于加快推进水产养殖业绿色发展的若干意见》，提出我国将大力发展生态健康养殖，明确了未来国家大力支持发展深远海绿色养殖。将鱼类养殖区域从近岸移向深水、深远海水域，可有效避免近海环境污染问题，增强养殖生产的可持续性，发展深远海养殖业意义重大。本章主要介绍国内外深远海网箱养殖业的发展概况，以及养殖工船、养殖平台的发展简况等内容，为深远海养殖业的高质量发展提供科学依据。

第一节　国外深远海网箱养殖业的发展概况

深远海养殖网箱放置在开放性水域、离岸岛礁水域等远离岸基水域，其养殖过程中产生的残饵、排泄物等会被海水很快带走。与传统近岸网箱相比，其养殖水体更大，集约化程度更高，养殖鱼类病害更少，养成鱼类品质更好，诸多优势使技术成熟的深远海养殖网箱项目综合效益更强。本节在概述网箱起源的基础上，主要介绍国外深远海网箱养殖业的发展概况。

一、国内外网箱起源与深远海养殖网箱

网箱养鱼历史悠久。宋朝的周密在《癸辛杂识》的《别集》（1243年）中就记有当初九江贩卖鱼苗的方法和情景，鱼苗"至家，用大布兜于广水中，以竹挂其四角布之，四边出水面尺余，尽纵鱼苗于布兜中。其鱼苗时见，风波激动则为阵，顺水族旋转游戏焉。养之一日、半月，不觉渐大而货之"（所谓布兜就是密目网箱）。由上述古文献可见，网箱养殖技术起源于中国，后来逐步在世界各地推广应用。水产养殖网箱按水域分类，一般分为内陆水域网箱、内湾网箱和海水网箱等。

网箱养殖是将网箱设置在水域中，把鱼类、贝类和虾类等适养对象（高密度地）放养于箱体中，借助箱体内外不断的水交换，维持箱内适合养殖对象生长的环境，并利用人工饵料或天然饵料培育养殖对象的方法。我国淡水网箱养殖始于唐朝时期，当时养殖青、草、鲢、鳙四大淡水鱼类，在江河中采集的天然鱼苗，先在网

箱中暂养,积存到一定数量或规格后外运出售。我国在20世纪70年代真正发展起淡水网箱养鱼。当时主要在一些水库、湖泊等浮游生物多的淡水水域设置网箱,培育大规格鲢、鳙等。20世纪70年代后期,我国淡水网箱养鱼的方式与种类有了新发展,从主要依靠天然饵料的(大)网箱粗放式养殖转变为投喂饲料的精养式养殖,主要养殖种类为鲤鱼、草鱼、罗非鱼等摄食性鱼类;21世纪后又发展鳜、鳗鲡、加州鲈、南方鲇等鱼类养殖,取得了较好的效益。

在淡水网箱形式上,目前有小型网箱与大型抗风浪网箱等结构形式,如龙羊峡周长160 m虹鳟养殖用高密度聚乙烯(HDPE)框架大型(内陆水域)抗风浪网箱等。淡水网箱养殖经营方式由单纯的经济效益型逐渐转变为经济效益、生态效益和社会效益兼顾型,产量与效益明显提高。2006年,水产行业标准《淡水网箱技术条件》(SC/T 5027—2006)发布,引领了我国淡水网箱养殖向标准化方向发展。

我国海水网箱养鱼起步较晚。1979年,广东省试养石斑鱼、尖吻鲈、鲷科鱼类等获得成功。之后在福建、海南、浙江及山东等地得到长足发展。2019年,全国传统近岸网箱(也称"普通网箱""传统近岸小型海水网箱"或"传统近海港湾网箱"等)数量已发展到140多万只(单只普通网箱平均养殖面积按16 m²推算)、养殖总产量高达550 317 t,养殖品种主要有大黄鱼、石斑鱼、鲈鱼和金鲳鱼等,主要分布在福建、广东和海南等地。传统近岸网箱主要由框架系统、箱体系统和锚泊系统等组成;框架大多由木板、高密度聚乙烯管、镀锌钢管、毛竹或泡沫浮球等材料装配而成,常见传统近岸方形网箱规格为(3~8)m×(3~8)m×(3~8)m(长×宽×高)等。传统近岸网箱由于抗风浪能力差,一般设置于避风条件好的港湾、隘湾或风浪流小的内湾等海区。由于上述海区的水体交换差,传统近岸网箱进行长期高密度养殖后,会造成养殖海区底质与水质恶化,导致鱼类生长缓慢、病害流行,使网箱养殖难以持续发展。基于上述因素,传统近岸网箱不宜推广应用。

针对传统木质渔排等普通网箱存在的问题,自2009年以来,福建宁德等地开始发展塑胶渔排,以塑胶渔排替代传统木质渔排,这对美化海区环境起了积极作用。2020年,制定了《塑胶渔排通用技术要求》(SC/T 4017—2020)水产行业标准,助力了塑胶渔排的标准化、规范化与规模化,对塑胶渔排的规范管理以及传统木质渔排产业的升级改造等发挥了重要作用;2020年,郑国富、魏盛军、朱健康、扈喆、王兴春、石建高等又制定了《海水鱼类养殖塑胶渔排技术规范》(T/CROAKER003—2020)团体标准、《鲍(参)养殖塑胶渔排技术规范》T/CROAKER004—2020团体标准。上述塑胶渔排行业标准与团体标准的制修订推动了我国塑胶渔排产业的发展。目前,部分专家正在申请塑胶渔排地方标准,这将进一步规范区域性塑胶渔排的发展。

为了改变传统近岸网箱养殖现状，我国于 20 世纪 90 年代后期开始引进海水抗风浪网箱技术，并进行创新应用，取得了显著进展。2019 年，我国深水网箱约 1.9 万只（单只深水网箱平均养殖水体按 1 000 m³ 推算），主要分布在广西、海南、广东、山东和浙江等地。目前，国产深水网箱除满足国内需要外，还大量出口到国外。与普通网箱相比，深水网箱采用了新材料、新技术与新装备，提高了抗风浪性能与产业水平，为蓝色粮仓的建设发挥了重要作用。我国深水网箱养殖主要品种有大黄鱼、金鲳鱼、牙鲆、大菱鲆、花鲈、真鲷、军曹鱼、美国红鱼、红鳍东方鲀、赤点石斑鱼等品种，养殖总产量高达 205 198 t。

深远海养殖网箱是与内陆水域网箱、内湾网箱、传统近岸网箱、深水网箱等比较出来的概念。依据水产行业标准《渔具材料基本术语》（SC/T 5001—2014），"深远海养殖网箱"的定义如下：深远海养殖网箱是指放置在低潮位水深超过 15 m 且有较大浪流开放性水域、或离岸数海里外岛礁水域的箱状水产养殖设施。

目前，有关"深远海养殖网箱"的称呼非常多，如"深远海养殖渔场""深远海养殖平台""深海养殖渔场""深海渔场""智能养殖平台""智能养殖网箱""智能养殖渔场"等。随着 2014 年修订的《渔具材料基本术语》（SC/T 5001—2014）水产行业标准的发布实施，期待人们未来能在监督管理、渔业生产、经济活动、技术交流、媒体报道、文献资料等中规范使用"深远海养殖网箱"定义。

海水抗风浪网箱是具有抗风浪能力强和养成鱼类品质好等明显优点的海上养殖设施。海水抗风浪网箱在挪威、美国、智利、英国、加拿大、日本、中国、希腊、土耳其、西班牙和澳大利亚等国发展较快。海水抗风浪网箱在英文文献报道中有"sea anti-waves cage""offshore anti wave cage""deep water cage" 和"offshore cage"等多种称谓；而它在中文文献报道中则有"深水网箱""离岸网箱""深（远）海网箱""深水抗风浪网箱""抗风浪海水网箱""（大型）抗风浪深水网箱"和"（大型）抗风浪深海网箱"等不同说法。随着海水抗风浪网箱养殖技术的发展，国内外同行间的技术合作交流日益增多，海水抗风浪网箱的定义越来越清晰。为便于国内外网箱技术交流、生产加工、产业合作、行政管理、贸易统计和分析评估等各类需要，本书将设置在沿海（半）开放性水域、单箱养殖水体较大、具有较强抗风浪流能力的网箱称为"海水抗风浪网箱"；将设置在湖泊、江河等淡水水域，单箱养殖水体较大、具有较强抗风浪流能力的网箱称为"内陆水域抗风浪网箱"。在龙羊峡水库、尖扎峡水库等地，有人也将内陆水域抗风浪网箱称为"（内陆水域）深水网箱"或"（内陆水域）抗风浪网箱"。

自 2000 年以来，东海水产研究所（以下简称"东海所"）石建高研究员课题组、山东爱地高分子材料有限公司事业部、山东莱威新材料有限公司等开展了高性能网衣〔如大型网箱用超高分子量聚乙烯（UHMWPE）纤维绳网新材料、半刚性聚酯网衣、特力夫深海网箱、可组装式深远海潟湖金属网箱等〕研发、试验或测试工作，引领了我国深远海养殖网箱用绳索网具等技术的健康发展。

二、国外深远海养殖网箱发展概况

从 20 世纪 30 年代开始，网箱养殖逐渐成为国外一种重要且颇具特色的水产养殖方式。挪威、冰岛、英国、丹麦、美国、加拿大、澳大利亚、法国、俄罗斯和日本等国纷纷投入大量人力、物力开展传统网箱养殖、深水网箱养殖或深远海网箱养殖。美国最早开始探索深远海养殖，至今已有几十年的研究历史。1970 年，美国国家气象局资助工程师、海洋学家和海洋生物学家等一起探讨未来行动的可能性，第一次有组织地研究在开阔大洋发展水产养殖；至今已有 20 多个国家和地区通过试验、研究、风险投资或政府资助等方式开展深远海养殖活动。挪威、日本等国建立起了较为完备的深远海养殖工程装备体系。世界渔业发达国家发展深远海养殖工程装备的主要类型是深水巨型网箱和浮式养殖平台。在现代工业科技的支持下，发达国家网箱养殖自动化程度发展很快，生产效率显著提高，生产过程得到了有效管控，信息化水平不断提升。面向深海开放性海域的大型网箱设施形式多样，技术水平远远领先。美国、挪威等国正积极推动深远海养殖科学和技术的发展。诚然，受限于技术条件、项目投资回报率等影响，目前除了三文鱼、金枪鱼、精品大黄鱼等重要鱼类养殖，其他深远海养殖一般处于研发、试验或政府资助下的半商业化养殖阶段。因为深远海养殖需要较高的装备技术与充裕的资金成本，一般需要工业规格的投资和私营公司管理。尽管深远海养殖仍处于试验、研发阶段，很多技术问题也仍待解决，但不可否认的是，深远海养殖发展潜力巨大。

据估算，全球深远海鱼类养殖可达（30~50）× 10^6 t，产值达到 600 亿美元，这相当于 2019 年中国海水鱼类养殖产量的 18~31 倍。除了经济效益，深远海养殖还有助于避免因捕捞引起的海洋荒漠化，保障海洋渔业资源和全球食品安全。国际上有关深远海网箱商业化养殖成功案例的公开报道很少。挪威深远海养殖技术的研发始终走在世界前列。公开文献资料显示，2016—2020 年，挪威 20 家企业已获得 102 个三文鱼养殖许可证，代表作品包括挪威萨尔玛（SalMar）公司的"海洋渔场 1 号"（Ocean Farm 1）、诺德拉克（Nordlaks）公司的"Havfarm 养殖工船"等。

下面参考文献资料、媒体报道等对国外深远海养殖网箱项目进行简述。

2016 年，挪威萨尔玛公司的子公司——海洋渔场（Ocean Farming）公司的

Havmerd 概念项目获得了挪威渔业理事会颁发的 8 张开发许可证。海洋渔场公司不但是第一家申请概念项目开发许可证的公司，而且也是第一家将其开发许可转化为商业生产许可的公司。2017 年 6 月，由武昌船舶重工集团有限公司（以下简称"武船重工"）总承包建造的半潜式智能海上"渔场"——挪威海上渔场养殖平台"海洋渔场 1 号"成功交付（图 1-1）并于当年 9 月运抵挪威，在挪威海弗鲁湾海域完成固定安装之后投入三文鱼养殖。目前，"海洋渔场 1 号"深海渔场已完成了两茬三文鱼养殖，产量理想，鱼类生长速度和病死率均优于平均值，养殖期间也从未进行海虱病处理。"海洋渔场 1 号"最多可容纳 9 人在深远海作业和生活，一个养殖季可出产三文鱼约 8 000 t，产值在 1 亿美元以上。

图 1-1　"海洋渔场 1 号"

"海洋渔场 1 号"呈圆形，直径 110 m，高度 69 m，空体重量 7 700 t，容量 $2.5 \times 10^5 \, m^3$，安装了 2 万个传感器、100 多个监控设备和 100 多个生物光源，配备全球最先进的三文鱼智能养殖系统，一次可养殖三文鱼 150 万条；整个设施由 8 根缆索连接海底固定装置，可抗 12 级台风。在"海洋渔场 1 号"的正中央，有一座 5 层楼房，其中包括总控制室和人员住宿区等设施；深海渔场外围立着 12 根巨型钢柱，钢柱之间有渔网把"海洋渔场 1 号"团团围住。作为现代化海上养殖装备，这座深海渔场安装有各类传感器、监控设备 100 多个，在鱼苗投放、喂食、实时监控、渔网清洗等方面，系统都实现了智能化和自动化，其承载渔网清洗、死鱼收集等功能的旋转门系统在精度上达到毫米级，创业内新高度。

"海洋渔场 1 号"是海上养殖的"划时代"装备。随着各国渔业养殖模式的升级换代，这样的设备市场潜力巨大。与传统人工养殖平台不同，"海洋渔场 1 号"是现代化、全自动智能海上养殖装备。通过这种装备，鱼类养殖可以从近海深入到远海，海上养殖的范围将大大扩展。挪威萨尔玛公司专注于深远海养殖战略推进，公司通过试运作"海洋渔场 1 号"，已积累了大量深远海养殖经验和技术。据介绍，在

"海洋渔场1号"内，萨尔玛公司首批三文鱼鱼苗的养殖试验非常成功。2020年7月，"海洋渔场1号"顺利通过挪威渔业局的验收，发展许可证成功转换为永久养殖许可证。从设计到开发，萨尔玛公司对"海洋渔场1号"项目共投入10亿挪威克朗（约合7.5亿元人民币）。萨尔玛公司董事长兼首席执行官Gustav Witzoe称，公司旗下的"海洋渔场1号"已进入第二茬养殖的收获阶段，三文鱼养殖状况出色（生长速度理想、海虱发病率及病死率较低等），这增强了公司发展深远海战略的信心。

2018年，萨尔玛公司再次推出新型深海渔场——"智能渔场"（Smart Fish Farm，图1-2）。"智能渔场"直径160 m，高70 m（共包含8个养殖区），可养殖300万条三文鱼，养殖容量是"海洋渔场1号"的两倍。2018年4月，萨尔玛公司根据"智能渔场"项目向挪威渔业局申请16张养殖执照（每张执照

图1-2　挪威"智能渔场"

可养殖三文鱼780 t），而2019年2月，挪威渔业局仅审批并发放了8张执照。萨尔玛公司表示，若公司与挪威当局就新许可的条款和条件达成协议，萨尔玛公司将协同MariCulture公司全面推进"智能渔场"项目。"智能渔场"将是全球首个在开放海洋水域养殖三文鱼的养殖场，总投资约15亿挪威克朗（约合11亿元人民币）。"智能渔场"设有一个封闭的承重中心柱，还设有中控室和研究实验室，可在封闭系统中清除海虱或治疗其他鱼类疾病。如果萨尔玛公司能够实现这一独特的"智能渔场"的有效安装，他们将在海水养殖战略上取得重要突破；公司可向远海环境开辟广大的可持续水产养殖区域，使挪威在未来数年内保持并巩固其全球领先的三文鱼生产国地位。萨尔玛公司表示，"智能渔场"将能够在恶劣天气条件下进行三文鱼养殖，可安装在距离挪威海岸20~30 n mile的远海地区。此外，萨尔玛公司还与挪威科技大学、挪威科技工业研究院、康斯贝格集团（Kongsberg Gruppen）合作，共同开发新型深远海渔场项目。

2017年，挪威皇家三文鱼公司从挪威渔业局申请了8张深远海养殖许可证，用于开发北极深远海养殖网箱项目（图1-3）。据媒体报

图1-3　北极深远海养殖网箱效果图

道，北极深远海养殖网箱于 2020 年已经过测试验证。北极深远海养殖网箱外直径79 m，可抵御 15 m 浪高，内设双重渔网防止鱼类逃逸。北极深远海养殖网箱的设计理念即结合几个直径 77 m 的独立锚定箱，通过与海上石油设施相同的方式固定在海底。北极深远海养殖网箱类似于一个巨大的"鱼篮"，"鱼篮"结构有顶部和底部，相距 10 m。每个浮筒都有一个浮环，由 16 根柱子支撑。当网箱沉入水中时，只有上层浮筒在海面上可见。三文鱼生活在上述"鱼篮"内部，"鱼篮"网衣从浮筒底部延伸至 40 m 深度。顶网可防止鱼类从"鱼篮"顶部逃逸，实际生产中人们可将其移除以放入鱼苗或捕获鱼类。

挪威不仅在海外养殖和运输的三文鱼和鳟鱼数量超过世界其他国家（2018 年为 1.1×10^{6} t），而且这些养殖三文鱼是挪威仅次于原油和天然气的第三大出口物。随着养殖三文鱼的需求持续快速增长，预估到 2050 年三文鱼养殖业规模将增加 4 倍。但是，养殖三文鱼并非没有挑战，养活三文鱼占了所有运营成本的一半。海虱通过吸吮鱼类皮肤、血液和黏液会使养殖三文鱼大量致死。据挪威皇家三文鱼公司介绍，约15% 的养殖三文鱼死于传统网箱和海虱，每年给三文鱼产业造成数十亿美元的损失。一种新型的远程控制网箱可用于深远海风暴水域，它可以帮助挪威满足对三文鱼日益增长的需求，同时降低由海虱导致的饲料成本损耗和病死率（图 1-4）。通过无线测量仪、传感器和照相机等设备，附近养殖工船上的工人能够利用网箱配套智能管理系统监测鱼类、自动进料器和远程操作的

图 1-4　一种新型的远程控制网箱

净水器、环境和气象条件（如水深、浑浊度、盐度、氧含量、环境温度、回声定位仪和酸碱度），且水下给料系统可将给料能耗降低 50%。由于这些深远海养殖网箱将三文鱼限制在水面以下 10~40 m 处，低于海虱和藻类生长的阳光照射区，它们可以减少或消除去虱、网衣防污的作业能耗，并大大降低养殖鱼类病死率。

稳定性对深远海养殖网箱非常重要。这不仅是为了保持深远海养殖网箱的结构完整性，而且是为了养殖三文鱼的健康生长。为了维持和控制自身浮力，三文鱼需要接近空气来填充其气囊。为了增加深远海养殖网箱内的海水溶解氧，网箱配有四个减压器；每个减压器位于一个支撑柱中，减压器启动运转后可在水下形成气穴，以补充海水溶解氧。每一列的摄像头和氧气传感器将监控气穴，并自动启动减压

器，使网箱内海水溶解氧始终保持饱和状态。深远海养殖网箱配套智能化系统中的摄像头还可用于监测养殖网衣的磨损情况，以便在三文鱼逃逸之前进行维修，确保三文鱼养殖生态安全。

与传统的三文鱼养殖一样，三文鱼从卵到幼鱼阶段的养殖在陆上淡水孵化场进行。大约一年后，重约 100 g 的幼鱼将被转移到峡湾的海水农场。三文鱼待在峡湾被养到 5 kg 重。但随着新系统的推出，1.5 kg 的三文鱼将被转移到开放海域的网箱，在三文鱼收获之前，它们将在那里再停留 10~11 个月。通过渔业互联网，传感器将数据传输至船载服务器，该服务器通过光纤电缆连接至距离养殖渔场约 400 m 的养殖工船上。一艘养殖工船能够监测一个集群性的养殖渔场，并每隔 7~14 天向深远海养殖网箱补充饲料。此外，自动投喂系统比传统网箱投喂系统的能耗降低 50%。新型自动投喂系统每天在水下自动投放饲料 1~3 次，允许水流分配颗粒饲料，实现水下投饵。配备的四个摄像头可以让养殖工船上的船员看到网箱中鱼的位置，并在它们的活动区域投放饲料，实现精准投饵，以减少浪费。水产养殖销售专家 Lars Andersen 认为，尽管养成三文鱼的捕捞作业将变得更加技术化，但并不一定要更加复杂化。ABB 公司建立了一个用户友好的界面，在一个简单的仪表板上显示控制和安全系统。连接到陆上控制基地的渔业互联系统也为陆基运营商提供了管理深远海养殖网箱的通道。养殖三文鱼的生产经营采用了更多的技术，可以模拟从淡水到深远海的路径及生活环境，使它们更自然的生长，以进一步提高养殖三文鱼的品质。

挪威 AKVA 集团与 Sinkaberg-Hanse & Egersund Net 公司合作，专门成立了 Atlantis Subsea 养殖公司，并申请了 8 张开发许可证。Atlantis Subsea 养殖公司设计开发了一种升降式 Atlantis Subsea Farming 系统（图 1-5）。2018 年 Atlantis Subsea 养殖公司获得挪威渔业理事会的开发许可，2019 年 2 月，10 万条三文鱼被投入到 Atlantis Subsea Farming 系统中，网箱被沉入挪威罗尔维克南部的斯库伯尔曼海域水下 30 m 进行测试验证（图 1-6）。海虱仍是 Atlantis Subsea 养殖公司面临的最大挑

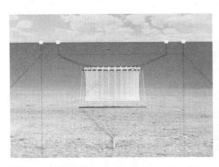

图 1-5　升降式 Atlantis Subsea Farming 系统

图 1-6　Atlantis Subsea Farming 系统海上作业

战，Atlantis Subsea 养殖公司正通过 Atlantis Subsea Farming 系统测试其防海虱效果，以逐步解决海虱问题，并实现完全产业化运作。这种升降式 Atlantis Subsea Farming 系统既可以抗风浪，又可以逐步解决海虱问题，并可以减少深远海养殖对表层水体的污染，其产业前景非常广阔。

2018 年，Hydra Salmon 公司获得挪威渔业理事会的 4 张开发许可证，以开发罐状深远海养殖网箱（图 1-7）。Hydra Salmon 公司的设计理念为在封闭的生产罐中养殖三文鱼。罐状深远海养殖网箱为封闭型，实际作业时可下潜至 20 m 以上水深；当网箱下潜至 35 m 水深时可通过遥控装置打开配套装备。罐状深远海养殖网箱项目最初估计的总

图 1-7　罐状深远海养殖网箱

成本为 2 亿挪威克朗（约合 1.5 亿元人民币），后来调整为 3.04 亿挪威克朗（约合 2.3 亿元人民币）。Hydra Salmon 公司董事长 Olav Klungreseth 表示，该公司目前正在与新合作伙伴进一步开发该项目。罐状深远海养殖网箱的实际养殖效果有待试验验证，其产业前景值得期待。

"Aquatraz" 半封闭网箱（以下简称 "Aquatraz" 网箱）是 Midt-Norsk Havbruk 公司与 Seafarming System 公司合作的成果（图 1-8）。2017 年，Midt-Norsk Havbruk 公司

图 1-8　"Aquatraz" 半封闭网箱及其设计效果图

获得挪威渔业理事会的 4 张开发许可证，可建造 "Aquatraz" 网箱。"Aquatraz" 网箱直径 51 m、深 18 m、周长 160 m，养殖水体为 6×10^4 m³。"Aquatraz" 网箱箱体上部的 8 m 部分由坚固的钢制 "裙边" 包围。"裙边" 屏蔽措施，可有效防止海虱附着在三文鱼身体上，降低损失风险，从而提高养成的三文鱼的品质与安全。与未受保护的箱体网衣相比，钢材的抗冲击性更强，减少了由于与码头、船只或其他浮动障碍物碰撞而使箱体形成孔洞的可能性。为了保障箱体内的水循环效果，集成泵从箱体下方吸取海水，在外壳内产生电流。从这样的深度抽取的水比地表水的含氧量更丰富，并且具有更稳定的温度。更重要的是，人工创造的海流比周围的自然海流强，可确保养殖三文鱼群通过不断游动获得充足的运动。第一个 "Aquatraz" 网箱已于 2018 年 10 月安装在挪威的 Eiterfjorden 峡湾。2019 年，挪威水产研究所的专家评估了其中的水生环境和三文鱼的健康状况。Midt-Norsk Havbruk 公司于 2019 年 4 月底研制出第四代 "Aquatraz" 网箱，并筹划了第五代产品。Midt-Norsk Havbruk 公司计划推出一系列其他 "Aquatraz" 网箱，其最终目标是使部分研发成果实现产业化。"Aquatraz" 网箱应用前景广阔，值得期待。

2019 年，三文鱼生产商美威（Mowi）公司启动史上最大的深远海养殖项目 "AquaStorm"（图 1-9），这也是继 "the egg" "Marine Donut" 等深海渔场项目后又一科研大作。美威公司表示将为此项目投资 31 亿挪威克朗（约 23 亿元人民币），并拟向挪威渔业部申请 36 张绿色 "发展许可证"，产量总计 28 080 t。先前，挪威渔业局批准的最大的深远海项目是 "Nordlaks Havfarm"，此项目被授予了 21 张许可证，产量 16 380 t。美威公司已对 "AquaStorm" 概念申请了专利，这项设计结合了挪威最新水产养殖、海底设施和远海工业领域技术，可进行全潜式三文鱼养殖。美威公

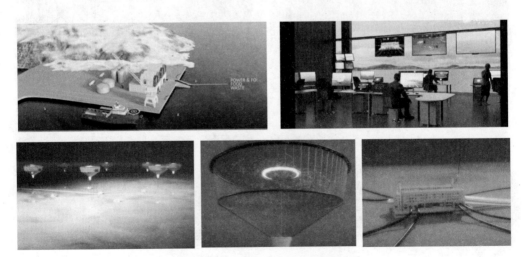

图 1-9　"AquaStorm" 推介视频片段

司项目总监 Henrik Trengereid 称，"AquaStorm"是迄今为止美威公司最大的科技养殖项目，鱼类养殖场所从峡湾转移至深海，水环境更适合生长，且避免海虱等生物的袭扰。通常情况下，"AquaStorm"网箱装置安装在距离海平面 15 m 水深的位置，如温度条件需要，可沉至水下 50 m。每套养殖装置与陆地控制中心连接，通过一系列海床管道和电缆对鱼类进行远程饲料投喂，并获取溶解氧、光度、电力实时信号数据。鱼粪和未被摄食的饲料将被抽回陆地进行处理。"AquaStorm"网箱整套设施高度自动化，可实现全天候无人操作，陆地控制中心高度智能化，可完全掌控鱼类活动的各项参数。

"AquaStorm"试点将在挪威中部的特伦德拉格地区进行，试点设备将安装在距离海岸 12 km 的海区，技术成熟后，理论上可移至距岸 100 km 的外海养殖生产。Henrik Trengereid 认为"挪威水产养殖业缺乏适合生产的海域，该技术将为挪威未来可持续水产养殖开辟广阔的领域"。为发展"AquaStorm"，美威公司与多家技术单位合作，其中不乏海洋工程和海洋油气产业制造商。未来几个月，挪威渔业部将对项目进行审核，决定是否立项和颁发多少张许可证。如果项目能够立项，将为当地创造 60 个工作岗位，对区域经济产生重大影响。综上所述，"AquaStorm"等国外先进的深远海养殖项目令人振奋，它们有着广阔的产业前景。

2019 年，位于 Froya 的 Masoval Fiskeoppdrett 公司获得挪威渔业理事会的 4 张开发许可证，以开发半潜式"Aqua Semi"网箱（图 1-10）。Vard 集团拥有半潜式"Aqua Semi"网箱知识产权。半潜式"Aqua Semi"网箱由 Masoval Fiskeoppdrett 公司与 Vard 集团联合开发。半潜式"Aqua Semi"网箱有 25 m 长的"屏蔽裙"，以防止海虱附着在三文鱼身体上、减少养殖风险。Masoval Fiskeoppdrett 公司目前正在对半潜式"Aqua Semi"网箱进行详细的改进规划，该网箱预计将在 2023 年 6 月投入使用，其产业前景值得期待。

2020 年 2 月，Leroy Seafood Group 集团获得挪威渔业理事会的 2 张开发许可证，以开发"Pipe farm"网箱（图 1-11）。挪威渔业理事会允许 Leroy Seafood Group 集团

图 1-10 半潜式"Aqua Semi"网箱

图 1-11 "Pipe farm"网箱

以"Pipe farm"概念生产 1 350 t 三文鱼。"Pipe farm"网箱的设计理念为在封闭的浮式管道中进行产卵后的三文鱼养殖生产，这是"Preline"试点项目的改进。"Pipe farm"网箱项目在挪威西部的 Samnangerfjorden 地区实施。因"Pipe farm"网箱项目涉及因素很多，Leroy Seafood Group 集团海鲜公共事务经理 Krister Hoaas 表示，集团目前正在与挪威渔业理事会就养殖场部署的一些标准进行对话。

2019 年，Stadion Laks 公司获得挪威渔业理事会的 2.37 张开发许可证，以开发半封闭式浮动（混凝土农场型）"Stadionbassenget"网箱（图 1-12）。Stadion Laks 公司总裁 Erlend Haugarvoll 表示，这个项目处于规划阶段。半封闭式浮动"Stadionbassenget"网箱项目原计划于 2019 年年底启动，但因新型冠状病毒肺炎疫情而导致项目延误，项目融资也因此被推迟。

2019 年年底，Salaks 公司获得挪威渔业理事会的 6 张开发许可证，以开发"Fjordmax"网箱。"Fjordmax"网箱是一种锚定式养殖平台，采用承重钢结构，可容纳三个养殖生产单元（图 1-13）。Salaks 公司总经理 Odd Bekkeli 表示，公司已经联系了潜在的造船厂来建造该项目，并在 2021 年夏季寻求更多具体服务。

图 1-12　半封闭式浮动"Stadionbassenget"
网箱

图 1-13　锚定式"Fjordmax"网箱

2018 年 7 月，挪威三文鱼养殖户 Eide Fjordbuk 因为其"Salmon Zero"概念网箱项目获得了挪威渔业理事会的 2 张开发许可证，以开发"Salmon Zero"网箱（图 1-14）。"Salmon Zero"网箱是一个封闭式的海上设施，可完全利用循环水进行养殖生产。Eide Fjordbruk 先生在最初的申请中表示，这个"Salmon Zero"概念网箱项目需要"在完全封闭的海上设施中进行环保、经济和可持续的养殖，并充分回收生产用水"。"Salmon Zero"网箱项目能否顺利建成投产主要取决于资金情况，其实际效果也有待建成后进行养殖测试验证。

2020 年 2 月，Reset Aqua 公司宣布其封闭式的循环水养殖设施项目将获得 8 张开发许可证。该设施由一个圆形的钢浮架结构、一个操作平台和 18 个网箱组成（图 1-15），中心设有饲料存储仓、水处理系统和废物回收处理系统。封闭式的循环

图 1-14 "Salmon Zero"网箱

图 1-15 Reset Aqua 公司的封闭式循环水养
殖设施

水养殖设施项目正在推进中，值得期待。

　　除上述项目外，挪威还设计、开发或试验验证了蛋形网箱等形式多样的养殖设施，引领了世界深远海养殖网箱的技术升级，限于篇幅，本章不再做详细介绍（图 1-16）。

图 1-16 国外其他形式多样的先进网箱

第二节　中国深远海网箱养殖业的发展概况

我国是世界上海水养殖产量超过捕捞产量的国家，但水产养殖仍处于初级阶段。2019 年，我国海水鱼类养殖产量仅占海水养殖产量的 7.8%，海水网箱养殖产量仅占海水养殖产量的 3.7%，这与我国网箱养殖业的应有地位显然不相称。本节主要介绍中国深远海网箱养殖业的发展概况。

一、深远海养殖网箱 1.0 时代

我国网箱主要包括普通网箱、深水网箱和深远海养殖网箱等，养殖产量以普通网箱、深水网箱和深远海养殖网箱顺序依次递减。深远海养殖网箱是养殖容量较大，具有较强抗风浪流性能的先进海上养殖设施。我国应大力发展网箱养殖业，尤其是深远海养殖网箱产业，以助力绿色水产养殖发展战略。我国深远海网箱养殖经过了从无到有的漫长发展历程。2016 年前，我国深远海养殖网箱工作处于起步阶段，这个时期可视为我国深远海养殖网箱第一阶段——深远海养殖网箱 1.0 时代，相关代表如特力夫深海网箱、大型增强型 HDPE 框架圆形网箱、可组装式深远海潟湖金属网箱等，这为我国发展深远海养殖提供了技术支持与储备。

普通网箱即传统近岸网箱，是指放置在沿海近岸、内湾或岛屿附近，水深不超过 15 m 的中小型网箱，如传统木质渔排等。与挪威等国相比，我国的普通网箱养殖起步相对较晚。1979 年，我国广东省利用普通网箱试养石斑鱼等鱼类获得成功，之后在海南、福建、浙江及山东等省得到长足发展。2019 年，全国普通网箱数量已发展到 140 余万只（单只普通网箱平均养殖面积按 16 m² 推算），养殖总产量高达550 317 t，养殖品种主要有大黄鱼、石斑鱼、鲈鱼和金鲳鱼等，主要分布在福建、广东和海南等地。普通网箱一旦遭受台风袭击，便会造成重大损失。2018 年 7 月，"玛利亚"台风登陆福建省宁德市，7 万多只传统木质渔排被摧毁，损失高达 6 亿多元。另外，普通网箱长期高密度养殖后，箱体内外水体交换变差，这会造成养殖海区水质与底质恶化，导致养殖鱼类生长缓慢、病害流行等，严重制约了海水养殖业的可持续健康发展。针对传统木质渔排等普通网箱存在的问题，自 2009 年以来，宁德等地开始发展塑胶渔排，以塑胶渔排替代传统木质框架网箱与白色泡沫浮筒，取得了一定的环保效果，但部分塑胶鱼排（其框架仅采用管径为 110~125 mm的 HDPE 管）的整体抗风浪性能有待提高，迫切需要进行升级换代改造。2020 年，由石建高、郑国富等起草的水产行业标准《塑胶渔排通用技术要求》（SC/T 4017—2020）发布，助力了塑胶渔排的标准化、规范化与规模化。由于海况、养殖技术以

及养殖成本等原因，与普通网箱相比，我国放置在离岸数海里外有较大水流或海浪的开放性水域的网箱数量较少。

　　深水网箱亦称离岸网箱，是指放置在开放性水域，水深在 15 m 以上的大型网箱（图 1–17）。为了改变普通网箱养殖现状，提高网箱抗风浪性能及其养成鱼类品质，1998 年海南省率先从挪威引进圆形双浮管重力式网箱；2001 年浙江省从美国引进了碟形网箱，2002 年又从日本引进了金属框架升降式网箱。为加快国产深水网箱养殖业的发展，自 2000 年开始，我国政府先后将深水网箱技术列入科技攻关计划、国家"863"计划和重点研发计划，并出台了《农业农村部办公厅关于修订深水抗风浪网箱补贴标准有关内容的通知》（农办渔〔2019〕31 号）等相关补助政策；同时，涉海院所校企也对深水网箱国产化研究工作给予了大力支持。迄今为止，我国已成功开发出浮绳式网箱、金属框架网箱、高密度聚乙烯（HDPE）浮式网箱、HDPE 升降式网箱、鲆鲽类专用升降式网箱、鼠笼式沉式网箱、SLW 顺流式网箱、多层次结构网箱、金属网衣网箱等 10 余种深水网箱，并获得相关专利 400 多项。国产深水网箱符合我国国情，性价比明显高于国外同类产品，在我国迅速得到推广应用。2019 年，我国深水网箱约 1.9 万只（单只深水网箱平均养殖水体按 1 000 m³ 推算），养殖总产量高达 205 198 t，养殖品种主要有金鲳鱼、许氏平鲉、大黄鱼和鲈鱼等，主要分布在海南、广东、广西、山东和浙江等地。目前，国产深水网箱除满足国内需要外，还大量出口到国外。与普通网箱相比，深水网箱采用了新材料、新技术与新装备，提高了抗风浪性能与产业水平，为"蓝色粮仓"建设发挥了重要作用。

　　自 2000 年以来，东海所石建高等参与起草的《浮式金属框架网箱通用技术要求》（SC/T 4067—2017）、《养殖网箱浮架　高密度聚乙烯管》（SC/T 4025—2016）和《高密度聚乙烯框架深水网箱通用技术要求》（SC/T 4041—2018）等标准陆续发布，

图 1–17　传统深水网箱

助力了我国深水网箱的标准化和标准理论体系建设。目前，广东南风王科技有限公司、厦门屿点海洋科技有限公司等生产的网箱或网箱专用管材除国内养殖使用外，还大量出口到国外。自 2009 年开始，东海所联合国际铜业协会开展了铜网箱海水养殖项目（石建高任项目工作组组长）研发，推动了铜合金网衣在我国增养殖设施领域（如网箱、养殖围栏等）的产业化应用。自 2009 年至今，我国开发出联体加强型抗风浪深水网箱、特种三脚架以及金属网加强 HDPE 管、（超）大型深水网箱用 1 m 直径的 HDPE 管及其配套堵头等（图 1-18）。上述工作助力我国网箱向离岸、深远海、大型化和智能化方向发展。

图 1-18   新型深水网箱

为了改善养殖环境、提高成鱼品质、拓展养殖空间和维护海洋权益，我国积极支持发展深远海养殖网箱产业。林载亮教授是我国深远海养殖网箱工作的先行者，2001 年对外公布《南沙美济礁潟湖养殖可行性报告》，2007 年率先在美济礁潟湖开展渔排养殖。东海所石建高等专家学者系统研究了我国深远海养殖网箱发展史，建议将 2017 年前视为我国深远海养殖网箱发展的第一阶段——深远海养殖网箱 1.0 时代（注：专家学者观点，仅供读者或学术界参考）。在此期间，随着新材料技术、网箱锚泊技术等现代渔业技术的研发与应用，网箱养殖综合技术逐步提升，我国开发了可组装式深远海潟湖金属网箱等近 10 种结构简单的深远海养殖网箱，主要分布于海南、广东和广西等地，用于金鲳鱼、石斑鱼、鲈鱼和军曹鱼等鱼类养殖。

为实现深远海网箱养殖梦，自 2011 年开始，在"三沙美济礁悬吊升降式网箱设计""远海组合型升降式金属网箱""三沙美济深远海装备的研发及产业化应用"等项目的持续支持下，三沙美济渔业开发有限公司联合东海所石建高研究员课题组等率先开展了可组装式深远海潟湖金属网箱设施的研发与产业化养殖应用，成功开发出我国第一个商业化的可组装式深远海潟湖金属网箱，并用于人工捕捞金枪鱼苗驯化观察试验与规模化养殖生产（图 1-19）。目前，可组装式深远海潟湖金属网箱已实现大规模产业化应用，主要用于金目鲈、黄条鰤、老鼠斑等深远海岛礁鱼类养殖。可组装式深远海潟湖金属网箱项目实施地点位于南海美济礁，距离海口 700 n mile 余，不但是我国第一个产业化、距离大陆达 700 n mile 余、真正意义上的深远海金属网箱养殖项目，而且也是第一个由民营企业自主立项支持的深远海金属网箱养殖项目。可组装式深远海潟湖金属网箱项目相关的金属网箱设施拥有完全自主知识产权，它既是我国第一个用于人工捕捞金枪鱼鱼苗驯化观察试验的深远海金属网箱项目，也是我国第一个拥有发明专利授权且实现产业化养殖应用的深远海金属网箱养殖项目。尽管该网箱结构规格较小，但在我国深远海养殖网箱发展史上具有里程碑意义，值得充分肯定。

图 1-19　可组装式深远海潟湖金属网箱

2012 年，石建高研究员课题组联合山东爱地高分子材料有限公司、台州大陈岛养殖有限公司等单位在福建开展了特力夫超大型深海网箱新模式的研发与应用，建成我国当时周长最大的超大型深海网箱。该网箱设施周长 200 m，箱体网衣采用超高强特力夫网衣，可用于养殖大黄鱼等经济鱼类。与普通网箱、深水网箱相比，该网箱综合应用了渔用新材料技术、超大型网具装配技术等创新成果，实现特种 UHMWPE 纤维在我国超大型深海网箱上的创新应用，助推了深远海养殖网箱的大型化、轻量化与高性能化。

2016 年，东海所石建高研究员课题组联合三沙美济渔业开发有限公司等单位在南海美济礁开展了深远海浮绳式网箱新模式的研发与应用（图 1-20）。该浮绳式网箱周长 158 m，箱体采用 UHMWPE 绳网材料，成功用于人工捕捞金枪鱼苗养殖试验生产等。与普通网箱、深水网箱相比，该网箱采用特种超高强绳网材料与网具装配结构（如特种水下鱼类通道口网具装配结构），创新实现国内深远海金枪鱼养殖浮绳式网箱设施"零"的突破，助推了深远海养殖网箱的离岸化与现代化。

图 1-20　深远海浮绳式网箱

　　2016 年，东海所石建高研究员课题组联合温州市丰和海洋开发有限公司率先开发出网箱—围栏—网箱接力养殖模式用周长 240 m 超大型浮绳式网箱（采用特种编织结构），用于深远海大型养殖围栏中的大黄鱼暂养与转运。自 2016 年至今，广东南风王科技有限公司联合东海所石建高研究员课题组等开展了深远海养殖用联体增强型工字架网箱的研发或推广应用，创制了一种可用于深远海养殖的联体增强型工字架网箱（图 1-21）。该网箱主浮管最大直径达 500 mm、最大周长可达 160 m 以上，主要用于养殖金鲳鱼、石斑鱼和大黄鱼等经济鱼类。与普通网箱、深水网箱相比，此网箱创新应用了联体增强型工字架技术成果，实现立柱与支架的一体化，大大提高了网箱在深远海工况下的抗风浪性能。联体增强型工字架网箱产品在国内产业化应用的同时，已量产并出口至埃及等国。除上述代表性深远海养殖网箱外，2017 年前我国还研制了六三型网箱等结构简单的深远海养殖网箱，这为后续深远海

图 1-21　联体增强型工字架网箱

养殖网箱的发展提供了技术储备。

二、深远海养殖网箱 2.0 时代

从 2017 年起，我国各级政府管理部门、海工企业、养殖企业、行业协会等加大了对深远海养殖业的支持力度，创制了一批优秀的深远海养殖网箱（其中，部分深远海养殖网箱已完成建造、养殖试验或产业化应用，其他深远海养殖网箱正在设计、论证或建造等过程中），多轮驱动我国深远海养殖网箱进入快速发展期，呈现出跃进式的发展趋势。据相关统计资料显示，截至 2021 年 5 月底，我国设计、开发、建造或测试的大型深远海养殖网箱数量已达 40 多只。武船重工为挪威客户建成"海洋渔场 1 号"养殖平台，这标志着我国深远海养殖网箱的发展从此跨入了新时代。在建设蓝色粮仓、推进水产养殖业绿色发展以及创新驱动"中国制造 2025"等国家战略背景下，武船重工等海工企业跨界到水产养殖业，在我国兴起了深远海养殖网箱研发、建造、试验或应用示范热潮。我国开发了一系列深远海养殖网箱，如"深蓝 1 号"全潜式深海渔场、"长鲸一号"深远海智能化坐底式网箱和"振渔 1 号"深远海机械化养殖平台等，它们主要分布于山东、福建、广东和浙江等地，用于三文鱼、黑鲪、大黄鱼和金鲳鱼等鱼类养殖，引领了我国深远海养殖网箱的现代化建设。这一时期可视为我国深远海养殖网箱发展的第二阶段——深远海养殖网箱 2.0 时代。2018 年 10 月，全国海洋牧场建设工作现场会在山东烟台举行，这是首次以海洋牧场为主题召开的全国性现场交流会。农业农村部原部长韩长赋说，我国将重点推进"一带多区"（近海和黄渤海区、东海区、南海区）海洋牧场建设，到 2025 年，在全国创建 178 个国家级海洋牧场示范区。到 2035 年，基本实现海洋渔业现代化。根据相关媒体报道，我国海洋牧场中建成、在建、规划的深远海养殖网箱的设计和建造一般由海工企业承接，其设计核心套用了许多海洋油气钻井平台使用的技术等。

下面简要介绍深远海养殖网箱 2.0 时代的代表性深远海养殖网箱装备。

1. "深蓝 1 号"全潜式深海鱼场

2018 年 5 月，"深蓝 1 号"全潜式深海渔场在山东青岛建成交付。"深蓝 1 号"箱体高 38 m、周长 180 m、养殖水体 5×10^4 m^3，一次可养育三文鱼 30 万尾，可实现年产量 1 500 t。"深蓝 1 号"安装在日照市以东 150 km 的黄海海域，利用冷水团进行三文鱼养殖生产；其潜水深度可在 4~50 m 范围内调整，依据水温控制渔场升降，可使鱼群生活在适宜的温度层。"深蓝 1 号"项目创新了水下锚泊导缆装置等技术，助力了我国水产养殖从近海向远海的转变。2019 年，东海所石建高研究员课题组联合惠州市艺高网业有限公司、山东好运通网具科技股份有限公司对"深蓝 1

号"实施网衣升级改造项目，项目组综合应用大型特种网具装配技术，取得了较好的抗风浪效果，引领了我国深远海养殖网衣的综合技术升级。"深蓝1号"全潜式深海渔场改造前、后的图片如图1-22（a）、图1-22（b）所示。

（a）升级改造前

（b）升级改造后

（c）捕捞三文鱼现场

（d）渔场养成三文鱼

图1-22　"深蓝1号"全潜式深海渔场

2021年6月21日，"深蓝1号"全潜式深海渔场首批国产深远海三文鱼规模化养殖收鱼成功［图1-22（c）］。据相关媒体报道，"深蓝1号"网箱中，三文鱼平均体重超4 kg/条［图1-22（d）］。山东海洋集团有限公司将整合现有运营船舶、海工装备、苗种繁育、海洋牧场、冷链仓储等产业资源，打造以大型智能化养殖装备为基础的现代化深远海养殖模式，发挥好深远海绿色养殖试验区项目的创新引领作用。烟台市西海岸新区与山东海洋集团有限公司的强强联合，聚焦项目园区化、产业集群化目标方向，以陆上、近海、远海接力养殖为基础，探索"陆基产业园区 + 深远海产业园区"产业集群式发展新模式。其中，陆基产业园区拟建设苗种培育、海水驯化及精深加工、科技研发三类产业园区；深远海产业园区采取"1+N"全新养殖模式，即"1个中央综合管理平台 +N个分布式网箱"。预计到2025年，项目总投资约50亿元，建造海上中央综合管理平台，建成一批大型深水智能网箱，实现海上规模化养殖，打造百亿元级深远海绿色养殖产业集群。

2. "德海 1 号" 渔场

"德海 1 号" 渔场是由天津德赛海洋船舶工程技术有限公司等单位根据我国深远海养殖产业发展需求设计制造，为我国第一艘浮体与桁架混合结构的万吨级智能化养殖渔场。渔场历时 8 个月建造，于 2018 年 9 月投放至珠海万山枕箱岛外海域，交付珠海市新平茂渔业有限公司开展养殖试验（图 1-23）。"德海 1 号" 渔场主体结构由箱型结构和桁架结构组合而成，在外形上酷似一艘带艉浮箱的船，但其本质也是网箱。"德海 1 号" 渔场总长度 91.3 m、宽度 27.6 m、主体框架面积约 2 100 m²，其养殖水体可达 3×10^4 m³，由主体结构、网衣、单点系泊系统及相关养殖配套装备组成。"德海 1 号" 渔场适合在我国完全开放、水深 20~100 m 的海域使用。

图 1-23　"德海 1 号" 渔场

3. 半潜桁架式网箱

2019—2020 年，天津德赛海洋船舶工程技术有限公司等单位设计开发了半潜桁架式网箱，主要用于香港东龙洲海域离岸深远海渔业养殖（图 1-24）。半潜桁架式网箱规格为 91.3 m（总长）× 27.6 m（总宽）× 7.5 m（型深），设计吃水深度为 6.5 m，有效养殖水体容积约 11 000 m³，具备抗风 17 级、抗浪高 9 m、耐流 1 m/s 的高海况生存能力。半潜桁架式网箱采用半潜技术，可作有限度的下潜和上浮，对网箱的渔获、换网等简单维护提供综合解决方案。半潜桁架式网箱采用桁架和浮体混合桁架结构形式，最大限度地解决网箱的水动力效应问题及控制制造成本，提升网箱内外的水流交换能力，增加养殖效能。半潜桁架式网箱设有养殖区、智能化养殖控制区、能源动力区、生产资料存储区和生活区，配备了养殖投喂专家决策系统、多路自动投饵系统、监控监测系统、风光互补发电系统、海水淡化装备、火灾报警系统和洗网机、起网机等现代化养殖过程控制装备，可实现养

图 1-24　半潜桁架式网箱

殖一体化管理和无人驻守养殖。半潜桁架式网箱主要由主体结构、网衣、锚泊系统以及养殖配套设施组成。网箱主体结构为钢质全焊接结构，由首部箱体结构、尾部箱体结构及桁架结构组成。箱体由支撑骨架和钢板焊接而成，首尾箱体结构间通过桁架结构连接，桁架结构由管材拼焊而成。网箱养殖区域主要由桁架结构围成的养殖空间组成，网衣固定在主体结构上，构成鱼类的生长空间，防止鱼类逃逸和敌害入侵。网箱采用多点锚泊定位系统，作为渔场在水中的根基，用于系固渔场。

4."长鲸一号"深远海智能化坐底式网箱

2019 年 4 月，烟台中集来福士海洋工程有限公司（以下简称"中集来福士"）为长岛弘祥海珍品有限责任公司设计建造的深远海智能化坐底式网箱"长鲸一号"在烟台基地交付（图 1-25）。"长鲸一号"是中集来福士在深远海渔业养殖装备领域的首要力作，采用坐底式四边形钢结构形式，箱体尺寸 66 m × 66 m，最大设计吃水深度 30.5 m，养殖容积 60 000 m³，意味着每年能养 1 000 t 鱼，设计使用寿命 10 年，相当于 100 个普通的 HDPE 网箱。它是国内首个通过美国船级社检验和渔业船舶检验局检验的网箱，也是全球首个深水坐底式养殖大网箱和首个实现自动提网功能的大网箱。"长鲸一号"集成了网衣自动提升、自动投饵、水下监测等自动化装备，日常仅需 4 名工人即可完成全部操作。"长鲸一号"是中集来福士通过自主创新、进行新旧动能转换的成果，也是山东省和烟台市大力建设蓝色海洋经济的成效。中集来福士是国内领先的海洋工程采购与施工（EPC）总包商，在新旧动能转换的浪潮中，积极进行"油转渔"，首创了多功能海洋牧场平台，引领了全国第六次海洋渔业浪潮。"长鲸一号"通过大数据技术，可实时反馈海洋水文信息、监测数据，是全国首个与保险公司实现监测数据实时分享的网箱，可实现自动投饵、自动水下清洗渔网、自动提升网衣，让海洋牧场从近海走向深海。

图 1-25 "长鲸一号"深远海智能化坐底式网箱

5. "振渔 1 号"深远海养殖平台

2018 年 9 月，由上海振华重工（集团）股份有限公司（以下简称"振华重工"）自主研制的"振渔 1 号"深远海养殖平台在启东海洋公司顺利合龙。"振渔 1 号"总长 60 m、型宽 30 m、型深 3 m，养殖水体 13 000 m^3，由结构浮体、网箱、旋转机构三个主要部分组成，包括牵引绞车、发电机、风力发电机、蓄电池组、自动化控制系统等主要设备，预计年产优质商品海水鱼 120 t。结构浮体为整个装备提供浮力，使装备浮于水上。网箱通过旋转机构安装在结构浮体上，并可绕轴做 360° 旋转。网箱箱体内安装渔网，其内形成封闭的养殖空间。网箱浸入水中部分为鱼类活动区域，上部露出水面部分，通过日晒，风干等过程去除网箱上附着的海洋生物。网箱通过旋转，定期将水下部分转动出水，实现对水下渔网的清洁。该装备的成功研制，将传统的人工养殖模式转变为机械养殖模式，大大降低了养殖人员的工作强度，提高了工作效率。2019 年，该装备在振华重工进行了手动运行、自动运行等一系列测试，满足了用户的功能要求并顺利完成工厂验收。2019 年 5 月，"振渔 1 号"深远海养殖平台在福建连江正式投产（图 1-26）。"振渔 1 号"为振华重工研制的第一期产品，克服了传统养殖模式抗风浪能力差的缺点，可将现有近海养殖区域扩展到深远海，响应国家倡导的沿海环境保护政策；通过机械化手段，有效降低养殖人员工作强度，提高养殖效率，增大养殖产量；设有先进的自动监测功能，平台实时影像、海水水质监测情况等所有数据可通过"电信通讯卡"无线传输到养殖户手机终端上，只要下载一个客户端，就能轻松掌握整个平台的所有监测情况，实现"一机在手，一目了然"的智慧养殖模式；拥有专利的电动旋转鱼笼设计，攻克了长期困扰海上养殖业的海上附着物难题；充分考虑海上丰富的风力资源，引入风力发电系统，为海水鱼养殖提供了绿色动力，节能环保，基本实现平台电源的自给自足。

图 1-26 "振渔 1 号" 深远海养殖平台

6. "佳益 178" 半潜式大型智能网箱平台

2019 年 6 月，蓬莱中柏京鲁船业有限公司（以下简称"京鲁船业"）为长岛佳益海珍品发展有限公司建造的半潜式大型智能网箱平台"佳益 178"顺利交付（图 1-27）。该网箱平台是京鲁船业建造的第一套大型海洋渔业装备，极大地扩展了京鲁船业的产品线；它主要用于海上养殖、海上观光、海上垂钓等领域，采用了多项国内领先的设计理念：①鱼类智能饲养系统，通过大数据方式实时提供最佳鱼类饲养方案并自动执行；②水下生态监控系统，通过对鱼类生长环境进行实时监测、分析，提供鱼类最佳喂养方案及活动途径；③水下鱼类活动监控系统，通过各子系统实现鱼类水下活动监控，自动投喂，并通过声光信号诱导鱼类活动；④通过鱼类常见疾病监测系统，实现病鱼自动诱捕，鱼病自动预警等；⑤采用云数据方式，可将鱼类生长、生存状况信息实时传递至饲养中心总部和工作人员手机客户端中。

图 1-27 "佳益 178" 半潜式大型智能网箱平台

7. "哨兵号" 无人智能可升降试验养殖平台

2019 年 6 月，由天津海王星海上工程技术股份有限公司负责设计、建造与安装的"哨兵号"无人智能可升降试验养殖平台正式启用。试验期间，其自动投喂系统、增氧系统和灯照系统等均测试正常（图 1-28）。"哨兵号"创新采用半刚性聚酯网衣，确保了试养鱼类的安全。"哨兵号"经受住了 2019 年 8 月"利奇马"台风的考验，试养鱼类"零伤亡"。"哨兵号"的建成交付及其试养成功对现代渔业技术进步、北黄海冷水团水产养殖意义重大，不仅突破了重大海洋关键技术，拓展海洋战略空

图 1-28 "哨兵号"无人智能可升降试验养殖平台

间，还实现了渔业增产增收，为乡村振兴战略与渔业高质量发展作出了重要贡献。

8. "澎湖号"半潜式波浪能养殖网箱

深远海养殖用电问题一直是行业发展的制约因素之一。2019 年 6 月 30 日，由中国科学院广州能源所（以下简称"能源所"）、招商局工业集团（以下简称"招商局"）合作建造的全国首座半潜式波浪能养殖网箱"澎湖号"在招商局深圳孖洲岛基地举行交付仪式（图 1-29）。作为全国首座深远海波浪能网箱，"澎湖号"网箱的"两结合"特点成为其最大优势，即波浪能发电结合太阳能发电，实现能源自给自足；绿色养殖结合旅游观光，拓宽利润增收渠道。据了解，"澎湖号"网箱建设由自然资源部海洋可再生能源资金、广东省级促进经济发展专项资金支持，目前已经获得中国、日本、加拿大和欧盟的发明专利授权。

图 1-29 "澎湖号"半潜式波浪能养殖网箱

作为"澎湖号"网箱的设计方，能源所于 2018 年完成自主设计，12 月 20 日开工，191 天后完成建造并交付。法国 BV 船级社从"澎湖号"网箱设计之初就已介入，对设计图纸、建造质量全程进行把关认证，并联合招商局、能源所制定了该类型装置的行业评价标准。"澎湖号"网箱长 66 m、宽 28 m、高 16 m、工作吃水深度 11.3 m，可提供 10 000 m³ 养殖水体，20 余人的居住空间，300 m³ 仓储空间，120 kW 海洋能供电能力。"澎湖号"网箱被分成红、白两色，养殖作业时，红色部分可以潜入水中，白色部分则浮在水面。据悉，"澎湖号"网箱平台搭载了自动投饵、鱼群监控、水体监测、活鱼传输和制冰等现代渔业装备，可实现智能化养殖（仅需1人便可承担平台上所有养殖任务）。不仅如此，"澎湖号"网箱的半潜船型和方形的围网设计也为维修提供了便利，如网箱平台红色养殖区部分作业时下潜在水中，需要拖航、检修、保养、网箱清理和消毒等工作时，则可以上浮起来，方便工作。同时，该平台提供的20余人居住空间也为发展旅游提供了保证，平台集波浪能发电和太阳能发电于一体，可以达到能源供给的自给自足。目前，"澎湖号"网箱依靠波浪能和太阳能发电，所提供的电量已经远远超过了平台日常所需用电量，但为了以防万一，平台还同时配备了500 kW·h的蓄能系统，确保断电时有持续能源供给。"澎湖号"网箱海试完成后，计划在广东大麟洋海洋生物有限公司珠海市桂山岛现代养殖基地开展渔业养殖和休闲旅游应用示范，开启由绿色能源支持的海上养殖新模式，助力广东省海洋牧场建设。广东省已将深水网箱养殖列为海水养殖业发展的重要方向和新经济增长点，打造广东特有的深远海养殖技术，培育粤港澳大湾区特色经济增长点，支撑国家海洋强国建设。

9. "福鲍1号"深远海鲍鱼养殖平台

2019年7月，由福建福宁船舶重工有限公司建造的中国首个智能环保型深远海鲍鱼养殖平台"福鲍1号"正式建成，运抵东洛岛海域锚泊应用（图1-30）。"福鲍1号"是国内最大的深远海鲍鱼养殖平台，由福建船政重工股份有限公司与福建中新永丰实业有限公司联合研发，福建省福船海洋工程技术研究院有限公司研制。平台主要由甲板箱体结构、底部管结构、浮体结构、立柱结构、网箱、机械提升装置

图1-30 "福鲍1号"深远海鲍鱼养殖平台

六大部分组成，为钢质全焊接结构，总造价超过1 000万元。"福鲍1号"长37.3 m、宽33.3 m，设计吃水深度6.6 m，重约1 000 t，总面积达1 228.4 m²。与2018年10月在连江东洛岛附近海域正式启用的全球首个深远海鲍鱼养殖平台"振鲍1号"相比，"福鲍1号"的规模是"振鲍1号"的3倍。"福鲍1号"可抵御12级以上台风侵袭，适用于水深17 m以上、离岸距离不超过10 n mile的海域作业，预计年产鲍鱼约40 t。"福鲍1号"拥有72个钢制鲍鱼养殖框和1.5万个白色养殖笼，可容纳12 960屉鲍鱼，虽然与"振鲍1号"造价相差不大，但是"福鲍1号"比"振鲍1号"面积大2倍，养殖框容量也比"振鲍1号"多1万多个，更利于规

模化养殖。同时，与"振鲍 1 号"一样，"福鲍 1 号"也在平台上配备了风光互补发电、水质监测、视频监控、数据无线传输、增氧装置等先进设备，使其适合深远海规模化养殖。"福鲍 1 号"的电力主要依赖先进的风力发电，可以给船上的监控系统提供 24 h 不间断电源。船上的水质监测系统，可以监测海水的 pH、电导率、溶解氧，监测数据可以实时传输至岸上，实现无线传输，传输距离不小于 5 km。在溶解氧数据低于设定参数时会进行报警，届时船上增氧装置将启动，给养殖框里面的海水进行增氧。

10. "海峡 1 号"单柱半潜式深海渔场

2017 年 9 月，在第七届宁德世界地质公园文化旅游节招商推介会暨项目签约仪式上，福建省船舶集团旗下企业福建福宁船舶重工有限公司、福建省马尾造船股份有限公司与福鼎市城投建材有限公司、福建福鼎海鸥水产食品有限公司、中国进出口银行福建分行和荷兰迪玛仕（De Maas SMC）设计公司共同签订国内首座单柱半潜式深海渔场——"海峡 1 号"项目合同。2019 年，福建省马尾造船股份有限公司为福鼎市城投建材有限公司承建的"海峡 1 号"举行上台仪式。该型深海渔场直径约 140 m，网箱型深 12 m，养殖水深大于 45 m，有效养殖水体容积达 1.5×10^5 m^3，可养殖大黄鱼约 2 000 t，配置金属网衣和水下监测系统，采用光伏供电。不同于其他深海渔场的设计，荷兰迪玛仕设计公司的设计，在考虑保证容积的条件下，尽可能降低重量，减少钢材用量。据介绍，"海峡 1 号"在中轴处设计了直径 70 m 的浮床，通过进水和排水调节渔场升降；在风暴情况下，"海峡 1 号"主体下潜至水面下，可抵御 17 级台风，适合在中国东海、南海海域进行大众鱼类、高附加值鱼类的离岸深远海养殖，经济效益可观，投资回报高。"海峡 1 号"项目中的顶网网衣项目由天津市渔网制造有限公司承担（图 1-31）。"海峡 1 号"箱体所用铜合金网衣材料由国外提供，其实际使用效果将为我国未来深远海养殖网衣的选配提供科学依据。"海峡 1 号"实际养殖运营后，有望提升养成大黄鱼品质，缩短上市周期。

图 1-31　"海峡 1 号"单柱半潜式深海渔场

2020 年 3 月,"海峡 1 号"主体工程顺利完工;5 月 13 日,在福建省福鼎市外海约 30 n mile 的作业地点浮卸成功并开始系泊安装。DNV GL Noble Denton 团队(以下简称"DNV GL 团队")为这一具有里程碑意义的海上工程项目提供海事担保检验。"海峡 1 号"渔场为中国滚装史上货物尺寸之最,同时也是 HYSY278 船尾部滚装作业的首次尝试,DNV GL 团队也是首次在深远海开放水域获批并参与浮卸作业。本次浮卸及系泊安装在技术上极具挑战性:①"海峡 1 号"渔场由钢结构中心柱体与外围鱼笼结构构成,其设计特点为波浪顺应型,导致刚度偏柔弱,不利于抵抗运输和装卸过程中的外部环境载荷;这就要求严格控制浮卸作业海况,同时在完成浮卸后须立即开始系泊作业,因此所需理想的整体作业时间窗口较长;②为浮装 / 浮卸所设定的作业海况较差,卸货地点通常为内河、港内或有遮蔽的锚地,而本次卸货地点为渔场的养殖地点,位于福鼎市外海约 30 n mile 处;该地点位于台湾海峡的入口处,为开放的海域,周围完全没有遮蔽;该卸货点受季节性洋流和风的影响明显,尤其在季节更替的月份更难以找到合适的作业窗口;③本次浮卸作业所要求的下潜深度已经接近半潜船的设计极限。综合上述重重挑战因素,原本应在一周内完成的浮卸作业被延长至将近一个月。为避免遭遇台风的风险,以及保证半潜船后续船次的作业时间,DNV GL 团队与现场其他单位积极探讨一切可行方案,同时密切关注天气变化趋势,在保证船舶和货物安全的前提下,不断调整实际的作业条件以期最大限度地扩大作业窗口。经过全体人员的共同努力,最终于 2020 年 5 月 13 日顺利将渔场浮卸下水,为后续的系泊连接争取了足够的时间,使项目顺利完成。截至 2021 年 6 月初,"海峡 1 号"尚未正式投入实际养殖生产应用。

11."耕海 1 号"海洋牧场综合平台

"耕海 1 号"海洋牧场综合平台是中集来福士为山东海洋集团有限公司量身定制的智能化网箱,用更智能、更生态的方式,激发海水养殖活力,提升效益(图 1-32)。2018 年 8 月,山东海洋集团有限公司与中集来福士、山东南隍城海洋开

图 1-32　"耕海 1 号"海洋牧场综合平台

发有限公司举行"耕海1号"海洋牧场综合平台建造合同暨海珍品养殖网箱合作框架协议签字仪式。"耕海1号"海洋牧场综合平台为坐底式网箱，由3个直径40 m的大型网箱组合而成，总体积 2.7×10^4 m³。3个网箱中设有面积600 m²的中心平台，采用太阳能和柴油机发电器作为电力来源，配备有多种自动化系统。"耕海1号"海洋牧场综合平台由山东海洋集团有限公司投资，与中集来福士共同研发设计，中集来福士负责建造。该平台将智能化渔业养殖、休闲垂钓运动和海洋文化旅游有机融合，创造出海洋产业"新业态"。海珍品养殖网箱也是创新型设计，填补了我国在海珍品立体化养殖装备上的空白，引领了海洋渔业装备的发展方向。

12. "北黄牧场"

天津海王星海上工程技术股份有限公司是近年来活跃在国内海洋牧场行业的知名企业，目前已规划设计了"北黄牧场""浙东牧场"和"桂湾牧场"（统称"海王牧场"）知名海洋牧场。下面以"北黄牧场"为例做简要介绍（图1-33）。夏季，相对高盐的冷海水会被一直困在北黄海中心的低洼地带，并形成了环流。直到来年秋季才开始与外部水流交换。这种环流称为"北黄海冷水团"，其中心位置较

图1-33　"北黄牧场"

稳定，具有冷水源浅、水质好、溶解氧丰富的特点，即使在夏季也能稳定在较低的水温，是国内最适宜养殖三文鱼的海域。北黄海冷水团位于威海50 km外的海域，属于中国专属经济区，离沿岸较远，不受人类活动的影响。另外，本项目育苗合作企业的厂区位于该海域附近，降低了运输成本。威海海恩蓝海水产养殖有限公司拟在距威海近海50 km处建设"北黄牧场"，该牧场已被山东省海洋与渔业厅评为省级牧场，可获专项资金补贴和油补转移支付补贴。针对北黄海冷水团，海王星公司开发了专利网箱设计，在夏季可以利用下层冷水养殖三文鱼。网箱设有水下投喂系统、水下增氧系统和水下生物光源系统，以保证三文鱼在水下长期生存，得以大规模、低能耗、健康、高效地养殖三文鱼。同时，北黄海冷水团中的养殖三文鱼和野生三文鱼互不影响。"北黄牧场"由一座智能牧鱼平台——"海恩2号"和八座张力腿网箱组成，四座为一组，分为A、B两组，总容纳鱼量 2.08×10^4 t。这里的三文鱼相当于在20层办公楼的网箱内生长，回归天然生长环境，保证了鱼的健康和品质。规划中的"北黄牧场"设施主要包括大型智能深远海养殖网箱整装系统（设

施主体由大型桁架可潜浮网箱和浮式多功能平台组成，其中，可潜浮网箱顶部为六边形，直径82 m、底部直径65 m、箱体深度20 m，养殖水体为 8×10^4 m³，可在有效波高不大于12 m的海域养殖生产；浮式多功能平台尺寸为100 m×32 m，可容纳生活人数为20人，相关饲料仓储为300 t。设施配备四人以上驻守，配套有完善的生活、卫生、物料仓储、安全、娱乐设施，可进行全年的养殖作业，相关人员可于网箱顶部甲板上作业）和张力腿网箱（本网箱是针对北黄海冷水团开发的专利设计，在夏季可以利用下层冷水养殖冷水鱼类；网箱作业水深为40~60 m，养殖水体为 $8 \times 10^4 \sim 12 \times 10^4$ m³）。智能牧鱼平台——"海恩2号"属于自升式生活支持平台，其甲板尺寸为60 m×37 m，型深为5.5 m，生活人数为100人，可存储饲料800 t；平台具备CCS和BV船级社双船级，设施技术成熟安全，作为分体式深海牧场的智能化牧鱼平台可管理整个网箱集群，具备生活支持、养殖作业支持、饲料仓储与投喂和中央监控与管理的功能。

海王牧场负责鱼苗到成鱼再到运输的养殖、输送过程。每年5月，第一批三文鱼鱼苗从东方海洋陆基循环水运往海王牧场A组网箱放养，10个月后重量到达6 kg的成鱼才能进行捕捞。同年10月，第二批三文鱼鱼苗从东方海洋陆基工厂化循环水养殖基地运往海王牧场B组网箱放养，11个月后开始成鱼捕捞。陆地循环水系统和冷水团牧场的养殖同时进行，一年投放两批次共320万尾鱼到冷水团网箱，可实现9个月持续起捕上市。夏季，由陆基循环水养殖供应成鱼，则可以保证全年都有成品鱼供应市场，形成最优的轮转循环。

13. "蓝鑫号"深远海智能大型养殖网箱

2019年6月，"蓝鑫号"深远海智能大型养殖网箱装备在浙江舟山动工建设（图1-34）。"蓝鑫号"是威海海恩蓝海水产养殖有限公司立项建设的北黄海冷水团三文鱼养殖项目中的第一个深远海智能大型养殖网箱项目，由浙江舟山海王星蓝海开发有限公司（以下简称"舟山海王星公司"）负责工程设计、建造及调试；天津海王星海上工程技术股份有限公司负责海上安装；相关项目经法国BV船级社第三方认证。

在"蓝鑫号"项目建造实施过程中，舟山海王星公司、挪威Mørenot公司、东海所石建高研究员课题组与山东好运通网具科技股份有限公司提供了网具系统综合技术（如网衣质量检测、网具优化设计、网具连接安装、网衣防磨加强）支持和指导（图1-35）。"蓝鑫号"项目通过产学研、国内外、多学科等跨界融合，引领了我国深远海养殖网箱网衣的技术升级。"蓝鑫号"深远海智能大型养殖网箱长158 m、宽54 m、型深3 m、设计吃水深度1.5 m；整装系统由前后两个四方形浮框体和一个三角形框架船首组成。船首有两条系泊缆连接单点系泊系统（其中，前后船体网箱由钢结构箱型梁支持浮体、网箱箱体以及水下配重三部分组成）。"蓝鑫号"深远海智能

图 1-34 "蓝鑫号"深远海智能大型养殖网箱

大型养殖网箱拥有远程投喂、网衣清洗、智能起捕、环境监控、死鱼收集、渔业互联等多项机械化与智能化系统，设有两个八角形网箱，养殖水体共 $8 \times 10^4 \text{ m}^3$，属现代化深远海智能大型养殖网箱装备。该项目是威海市发展三文鱼深远海养殖产业的重要一环。2019 年 11 月，"蓝鑫号"深远海智能大型养殖网箱从舟山起航前往威海港；12 月底，"蓝鑫号"项

图 1-35 "蓝鑫号"深远海智能大型养殖网箱网衣现场施工安装

目的设计、海上运输、框架与箱体连接安装顺利完成并进行调试，2020 年 1 月，在北黄海冷水团目标海域——环翠区褚岛周边海洋牧场示范区完成海上安装和三文鱼鱼苗投放，计划先期养殖三文鱼 3 万尾，兼顾旅游观光、休闲垂钓等功能。"蓝鑫号"深远海智能大型养殖网箱能够满足在位时具备较强的抗风浪能力，可适用于26 m（含风暴潮和天文潮）水深条件、泥沙质海底海域，并进行安全、原生态的水产养殖。

"蓝鑫号"深远海智能大型养殖网箱的建成对现代渔业进步和北黄海冷水团水产开发落地的意义重大，不仅突破重大海洋关键技术，拓展海洋战略空间，实现渔业增产增收，还为乡村振兴战略作出贡献。

目前，在舟山海王星公司的领导下，东海所石建高研究员课题组等团队正参与三文鱼养殖网箱"鲜峰号"的优化设计工作。"鲜峰号"也是深远海智能大型养殖网箱，养殖水体约 $8 \times 10^4 \text{ m}^3$，拟在褚岛以北 30 n mile 冷水团海域投放。海王星公司将以"鲜峰号"为基础，逐步推进北黄海 $10 \times 10^4 \text{ m}^3$ 深远海三文鱼养殖基地项目建设。项目全部投产后预计产出三文鱼超过 $2 \times 10^4 \text{ t}$，产值 12.5 亿元以上（图 1-36）。

图1-36　"鲜峰号"深远海智能大型养殖网箱设计效果

"蓝鑫号"的设计、建造单位——舟山海王星公司坐落于宁波市高新区研发园区，自2016年成立以来联合东海所石建高研究员课题组等国内外课题组致力于海洋牧场的规划与建设，通过产学研合作，将成熟的技术和经验投入到海洋牧场的开发中去，在深海养殖转型升级中发挥优势，并进行深远海养殖的创新转场和示范养殖服务，为日益增长的海鲜市场提供更高效、更环保的海产生产方式。舟山海王星公司目前已经为威海海恩蓝海水产养殖有限公司设计、建造和海上安装Spar单柱立式试验网箱，拥有丰富的大型深远海养殖网箱的设计、采购、建造和安装（EPCI）的技术能力。"蓝鑫号"深远海智能大型养殖网箱的海上安装单位——天津海王星海上工程技术股份有限公司坐落于天津市滨海高新区华苑产业园区，是一家为海上边际油田开发工程和离岸养殖牧场开发提供整体工程解决方案的专业性公司。目前，该公司正在研发中国海域离岸设施 / 装备型牧场所需的各类设施，是国内少数业绩覆盖离岸牧场所需的整装设施的海工企业。"蓝鑫号"项目融合了生态环保、科技创新、专业规范等现代绿色渔业发展理念，满足了深远海养殖的绿色发展需要，助推了我国三文鱼深远海养殖的蓝色革命。如果北黄海100×10^4 m^{3}深远海三文鱼养殖基地项目全部顺利完成，那么将迎来我国深远海网箱养殖的鼎盛期，助推我国深远海网箱养殖进入3.0时代。

2018—2019年期间，在部分深远海养殖网箱项目建设过程中，东海所石建高研究员协助网箱建造单位、渔网供应商等开展了绳索网具产品的检测、加工和质量分析工作，指导了渔网系统的建设，并将桩网连接等专利技术创新应用于渔网系统制造。我国东海、南海海区台风频发，这长期困扰着网箱养殖业的发展。图1-37为一种深远海渔业养殖平台设计图，该养殖设施在遭遇台风天气时可通过网箱沉降来规避台风，适合台风海区应用。全潜式深远海养

图1-37　深远海渔业养殖平台

殖网箱、半潜式深远海养殖网箱等升降式深远海养殖网箱将是未来的发展方向。

14. "嵊海一号"智能深海养殖平台

2020 年，我国首座全潜式大黄鱼智能深海养殖平台"嵊海一号"在舟山市嵊泗县海域投入试生产（图 1-38），首批 5 万余尾"岱衢族"大黄鱼顺利"喜迁新居"。该养殖平台创新了智慧深海装备系统和运营模式，采用"公司 + 养殖渔业合作社 + 养殖户"的经营模式，为养殖渔业合作社提供智慧深海装备，指导养殖户利用智慧深海装备系统提升深海大黄鱼养殖品质，带动渔农村养殖户提高收益，为市场提供野生口味的大黄鱼。目前，"嵊海一号"智能深海养殖平台（以下简称"嵊海一号"）及养殖大黄鱼状态良好。

图 1-38 "嵊海一号"智能深海养殖平台

"嵊海一号"属于试验性大黄鱼养殖网箱，箱体为全钢制六棱柱结构，长约 116 m、高约 22 m、对角线长度达 38 m、总养殖水体 1×10^4 m^3；可养殖大黄鱼 10 万尾。江苏金枪网业有限公司（以下简称"金枪网业"）及其合作单位为网箱网衣的设计、生产与安装提供了技术支持。该网箱网衣、纲绳与绑扎线都采用 Dyneema$^®$SK-78 材料（荷兰 DSM 公司生产）。与一些种类的 UHMWPE 纤维相比，Dyneema$^®$SK-78 材料不但强力更高，而且蠕变性能更好。在国内深远海网箱设施中，Dyneema$^®$SK-78 材料率先在"嵊海一号"上创新应用，标志着我国网箱网衣材料水平达到国际先进水平。"嵊海一号"内网衣为养殖网衣，外网衣为滞流防护网衣（用于挡流、防鲨等）。网衣涂层工艺不同于国内使用的胶水处理与防污处理，而是采用特种涂层工艺；整个网衣挂网采用可调节特种装配工艺，大大提高了"嵊海一号"的抗风浪性能与安全性。"嵊海一号"网衣的性能分析测试工作，由金枪网业联合东海所石建高研究员课题组实施，分析结果表明：①与没有经过涂层处理的 Dyneema$^®$SK-78 网衣相比，经过特种涂层处理后，网衣的网目破断强力增加了 14%。②经过特种涂层处理后，网衣的延伸性明显改善。为验证经过特种涂层处理的 Dyneema®SK-78 网衣的防污性能，金枪网业联合相关单位开展了海上防污试验。东海某海域 12 周的海上防污试验结果表明，经过特种涂层处理后，Dyneema®SK-78 网衣的防污性能明显优于普通 PE 网衣，是未来深远海养殖网衣的发展方向，其推广应用前景非常广阔。目前，"嵊海一号"还处于测试阶段，金枪网业将携手东海所石建高研究员课题组、网箱用户等持续更新测试结果，为深远海养殖业提供优质服务。

"嵊海一号"配置智慧深海养殖保障系统，具备科技含量高、抗风浪能力强的特点，可以全潜或半潜，属于深海、抗台风、抗寒的智能化悬停式经济型养殖试验性网箱。下阶段，"嵊海一号"将陆续投放 10 万尾大黄鱼，预计全年养殖规模超过 100 t。作为舟山智能深海养殖建设项目的重要组成部分，"嵊海一号"后续还将新增深海智能网箱 19 只，并配套深海养殖信息保障系统平台、多用途工船等设备，为全面服务舟山乡村振兴战略、积极融入舟山智慧海洋示范区建设、在浙江省乃至全国范围内起到试点示范作用。

15. "国鲍一号"深远海智能化海珍品养殖网箱

2020 年 9 月 26 日，国内首座坐底式深远海智能化海珍品养殖网箱——"国鲍一号"交付仪式在中集来福士烟台厂区 1 号码头隆重举行。"国鲍一号"深远海智能化海珍品养殖网箱（以下简称"国鲍一号"）于 2018 年由山东南隍城海洋开发有限公司立项建设。网箱长 36 m，宽 36 m，吃水 21 m。三个养殖区共悬挂 36 988 个海珍品养殖笼，可年产优质海珍品 70~120 t。"国鲍一号"搭载水质、气象、水温等大数据监测装置，配备海洋牧场雷达看护设施，搭载全新 5G 信号站，具备对网箱及海洋牧场的全天候监控监测功能。"国鲍一号"的交付以及在长岛南隍城海域的下水投用，将突破传统鲍鱼、海胆等海珍品对养殖海域及水深的要求限制，全面提高海珍品集约化养殖能力和产量，进一步引领提升长岛海洋牧场建设装备化、智能化水平，夯实长岛生态渔业产业高质量发展基础。

图 1-39　"国鲍一号"深远海智能化海珍品养殖网箱

16. "经海 001 号" 深海智能网箱

2021 年 6 月 2 日，"经海 001 号" 深海智能网箱抵达南隍城东部海域（海区水深约 32 m），并于 6 月 5 日顺利安置。"经海 001 号" 深海智能网箱为坐底式网箱平台，网箱总投资 7 000 万元、钢结构重量约 3 000 t、外形尺寸为 68 m × 68 m × 40 m、养殖水体约 7×10^4 m³，能实现网箱平台的深远海鱼类养殖功能，是目前亚洲最大的深海智能网箱。"经海 001 号" 深海智能网箱可养殖鱼类 600~700 t、养成鱼类年产值约 6 000 万元，主要养殖黑鲪鱼、海鲈鱼鱼类。此外，网箱顶部配有生活区和机械区，可满足养殖人员居住、商务接待及鱼饵投喂等功能。网箱配有环境监测系统、集控管理系统、水下生物识别系统、水下机器人系统和船岸一体化智能管理系统，这些自动化系统可经集控系统及大数据管理系统实现远程遥控操作。"经海 001 号" 深海智能网箱由立柱、上环、下环、沉垫、防沉板、斜支撑等组成，内部仍为一

图 1–40　"经海 001 号" 深海智能网箱

个整网空间，采用太阳能、风能作为主电力来源，太阳能和风能在日照充足、风力稳定时基本满足日常照明、水下监控、船员间及监控室室内空调的用电需求。当需要进行甲板吊操作、投入投饵设备等大功率连续作业时，使用发电机供电。

"经海 001 号" 深海智能网箱是在第一代深水坐底式网箱基础上进行优化升级而推出的第二代深水坐底式网箱。在项目实施过程中，山东莱威新材料有限公司提供了箱体网衣材料及其安装服务，农业农村部绳索网具产品质量监督检验测试中心为绳网材料提供了检测工作，保障了绳网产品的质量。"经海 001 号" 深海智能网箱的正式投用，填补了我国在 30 m 水深养殖水域坐底式网箱养殖的空白。随着 "经海 001 号" 的落户，烟台市长岛区将依托海上智能化装备，围绕深海网箱适养鱼类，辅以海面藻类种植和海底贝类底播等，探索生态化、立体化养殖模式。近年来，长岛依托海域优惠政策，大力推广新型人工鱼礁和深水网箱建设项目。截至目前，累计确权海洋牧场用海 126 宗 34.9 万亩[①]，获批国家级海洋牧场示范区 6 处、省级海洋牧场示范区 6 处，下水多功能海上平台 5 座、大型智能网箱 6 座。

此外，我国科研院所企等还设计、开发、试验验证或产业应用了 "宁德一号""冷水团一号""垦荒一号" 等形式多样的深远海养殖网箱装备。"经海 001 号" 深海智能网箱等一系列新型养殖设施的开发应用令业内惊喜，但仍需要政府支持、技

———————————

① 亩为非法定计量单位，1 亩 ≈ 666.7 m²。

术支撑、协同创新、跨界融合与共同努力。当前，我国深远海养殖网箱尚处于2.0时代，前景广阔，但任重道远。

2019年11月，烟台市海洋牧场筹备会议召开，明确了大力实施海洋牧场"百箱计划"，依托中集来福士高端海工装备的技术优势，在烟台海域投放100个智能网箱，推动烟台海洋渔业规模化、生态化、现代化、智能化，打造海洋牧场烟台模式。同月，长岛海洋生态文明综合试验区管理委员会与中集来福士签约，推动中集集团产业优势与长岛海洋资源有效融合，为实施"百箱计划"奠定海域及装备资源基础。2020年4月，由中集集团、烟台国丰投资控股集团、烟台业达经济发展集团、长岛旅游集团四方共同出资的烟台经海海洋渔业有限公司正式成立，作为"百箱计划"项目实施主体，在烟台海域建设亚洲规模最大、装备水平最高、综合效益最好的海洋牧场。由此，在烟台，一个以政府主导牵引、采用市场化运作的"百箱计划"进入快步实施阶段。2020年面对新冠肺炎疫情防控压力，烟台挺进深蓝的步伐并没有放慢，"百箱计划"在确定项目实施主体后半年多，便迎来重大进展。2020年12月22日，在中集来福士烟台基地，首批量产智能网箱启动建造，烟台"百箱计划"由图纸变成现实，从愿景变成实景，标志着烟台海洋牧场建设进入历史新阶段。烟台"百箱计划"项目以国内首座深远海智能化坐底式网箱"长鲸一号"为范本，以此次"百箱计划"首批4个量产智能网箱建造为开端，在烟台长岛南隍城海域布局高端装备型现代海洋牧场。在烟台八角湾海洋经济创新区规划建设现代渔业产业园区，布局总部办公、苗种繁育、高端研发、精深加工、展示交易和冷链物流等产业链条，带动海洋高端传感器、特种装备、海洋大数据、海洋生物医药等项目在海创区配套聚集，开创烟台"陆海岛"一体化深远海全链条发展新篇章。据烟台经海海洋渔业有限公司介绍，待100套深远海养殖设施投放后，未来计划以烟台模式为示范，布局形成"总部烟台、辐射全国"，以海洋蛋白为核心产品，带动全产业链、供应链、要素链集聚，打造装备水平最高、综合效益最好的现代化海洋牧场。全部达产后鱼类年产量100 000 t，附带大量海珍品，产值超百亿元。条件成熟时，向"一带一路"沿线国家复制推广，打造全国现代化海洋牧场建设的"烟台样板"。未来深远海养殖网箱技术成熟，且有大规模（区域集群）的深远海养殖网箱进行建造与产业化生产应用时，我国深远海养殖网箱发展将跨入新的阶段——深远海养殖网箱3.0时代。

三、中国深远海养殖网箱的研究进展

1. 深远海养殖网箱定义等的研究进展

我国专家学者对深远海养殖网箱定义、选址、养殖技术以及养殖工程装备等进行了相关研究。东海所石建高研究员课题组等开展了深远海养殖网箱定义研究，在广泛征求专家、企业代表、全国水产标准化技术委员会渔具及渔具材料分技术委员会（SAC/TC 156/SC 4）委员等意见的基础上，率先同时给出了深远海养殖网箱的中英文定义，为未来深远海养殖网箱政策法规及名词术语标准的制定等提供了技术储备。在国家相关部门的领导和支持下，深远海养殖网箱定义目前已经写入 2020 年修订的水产行业标准《渔具基本术语》（SC/T 4001）中，这将从行业标准层面填补深远海养殖网箱定义的空白。

徐皓等开展了我国深远海养殖工程装备发展研究，提出大型网箱设施与养殖工船是发展深远海养殖工程装备的核心，为今后深远海养殖工程装备的发展指明了方向。东海所石建高研究员课题组等开展了深远海养殖网箱选址相关研究，建议以网箱设施安全性、养殖鱼类适应性、养殖污染的可控性、设置海域的适宜性等方面的综合论证为基础，分析研究后科学选址。董双林开展了黄海冷水团大型鲑科鱼类养殖研究，成功完成黄海冷水团鲑科鱼类养殖技术路线的验证，为今后实现深远海养殖网箱规模化安全生产积累了经验。高勤峰等简述了网箱养殖生态学的研究进展，提出未来我国水产养殖业应"开拓深远海空间、发展深远海养殖"的建议。东海所石建高研究员课题组开展了深远海网箱养殖智能装备标准体系框架预研究，建议相关标准体系应涵盖安全防护与环境监测系统标准、自动投饵系统标准、智能化洗网装备标准、养殖鱼类起捕装备标准、养殖鱼类运输装备标准、养殖鱼类分级装置标准、智能养殖管理工作平台标准、智能养殖作业船标准、智能消浪滞流设施标准、智能鱼类防盗装备标准、灾害预警智能装备标准、智能死鱼收集器标准等。此外，国内专家学者还进行了网箱平台配套装备、网箱沉浮方法、养殖网衣异常检测方法等其他技术研究。

2. 深远海养殖网箱绳网材料的研究进展

为适应深远海网箱养殖的发展需要，国内主要研发了 UHMWPE 绳网、防污功能网衣、半刚性聚酯网衣等高性能绳网材料，以保障网箱养殖安全。普通网箱箱体与深水网箱箱体一般采用普通合成纤维绳网材料，在遭受台风等恶劣海况时，箱体易发生纲断网破的养殖事故，给养殖业造成重大损失。UHMWPE 绳网等高性能材料的研发与产业化应用，使深远海养殖网箱绳网材料的高性能化成为可能。东海所石建高研究员等人联合相关单位对 UHMWPE 绳网材料进行了系统研究与推广应用，研究表明，UHMWPE 绳网材料具有卓越的综合性能与渔用适配性，如强度高、节能降耗、耐磨性和抗老化性好等，推动了相关材料的产业化应用。目前，UHMWPE 绳网材料在我国深远海养殖网箱领域用量最多，广泛应用于特力夫超大型深海网箱、深远海浮绳式网箱、"深蓝 1 号"全潜式深海渔场、"长鲸一号"深远海智能化坐底式网箱、"德海 1 号"渔场、"嵊海一号"智能深海养殖平台、"耕海 1 号"海洋牧场综合平台和"海峡 1 号"单柱半潜式深海渔场等 10 多个深远海养殖网箱。

网箱养殖生产中，合成纤维网衣上会附着藻类、贝类等污损生物，当污损生物附着严重时会影响网衣内外水体交换与养殖设施安全。石建高、刘圣聪等开展了防污功能网衣材料（如铜合金网衣、锌铝合金网衣）的研发与应用。研究表明，部分特种防污功能网衣在一些海区可减少网衣上的污损生物附着。目前，铜合金网衣材料已在"海峡 1 号"单柱半潜式深海渔场等水产养殖设施上试用，其最终效果将为养殖网衣的筛选提供科学依据。另外，针对网衣在深远海养殖过程中受到风浪流的影响，东海所石建高等人提出有必要提高其抗疲劳性、抗冲击性和抗风浪性能，并研究发现半刚性聚酯网衣材料具有较好的抗疲劳性等综合性能，可满足深远海网箱养殖生产要求。目前，半刚性聚酯网衣不仅在"哨兵号"无人智能可升降试验养殖平台、"耕海 1 号"海洋牧场综合平台等深远海养殖网箱上测试或应用，而且在养殖笼、养殖围栏、海洋牧场与人工鱼礁等设施上应用。针对现有领域无法精准测试或有效检测半刚性聚酯网衣强力的问题，石建高等人发明了半刚性聚酯网衣夹持设备，推动了半刚性聚酯网衣测试技术升级，助力了半刚性聚酯网衣的产业化应用。

3. 深远海养殖网箱研究专利的进展

随着深远海养殖网箱产业的发展，我国创制了多种深远海养殖网箱技术，申请了 100 多项相关专利。通过上海知识产权（专利）公共服务平台等专利数据库检索，发现深远海养殖网箱相关专利的申请主体大多为院所校企（少数为个人），专利申请人主要包括湖北海洋工程装备研究院有限公司、中国水产科学研究院下属单位、烟台中集来福士海洋工程有限公司、中国海洋大学、天津海王星海上工程技术股份有限公司、重庆川东船舶重工有限责任公司、中国国际海运集装箱（集团）股份有限公司、大连理工大学、江苏科技大学、三沙蓝海海洋工程有限公司、青岛中乌特种船舶研究设计院有限公司、上海耕海渔业有限公司、山东省科学院海洋仪器仪表研究所等单位。深远海养殖网箱相关专利申请信息分析显示，我国深远海养殖网箱技术创新的方向主要有网箱材料、网箱系统、配套装备、抗风浪装置、养殖综合平台、箱体沉浮方法等。石建高等针对网衣防污问题，发明了半潜式养殖平台用圆台形侧网材料，利用本征防污法来解决网衣污损问题，助推了网箱网衣防污技术升级，目前该方法已申请国际专利。重庆川东船舶重工有限责任公司彭文虎、罗应红和任健炜等针对深远海渔牧生态平台，申请了系列专利，主要涉及养殖模块、饲料输运系统和压载系统等多个网箱装备系统，创新驱动了渔牧生态平台的机械化与智能化技术发展。与普通网箱专利或深水网箱专利申请量近 2 000 项相比，目前深远海养殖网箱专利申请量较少，体现出我国深远海养殖网箱作为一种新型养殖模式的基本特征。随着深远海养殖网箱产业的发展，其相关专利将呈现迅速增多的趋势。

四、我国深远海养殖网箱的发展展望与建议

中国深远海养殖高质量发展之路应该怎么走？在首届中国深远海养殖高质量发展研讨会暨首期深远海养殖探索与实践高级研修班开幕式上，麦康森院士在题为《探索中国深远海养殖高质量发展之路》的专题报告中，阐述了我国深远海养殖面临的机遇和挑战，并给出了诸多可行性建议。

1. 我国深远海养殖网箱的发展展望

受制于初始投资资金不充裕等因素，我国普通网箱与深水网箱的周长一般小于100 m。近年来，大量资金介入深远海养殖网箱领域，为大型网箱建造与投用提供了资金保障，如"海峡1号"单柱半潜式深海渔场总投资高达2亿多元。同时，随着新材料、新技术、新装备的创新应用，深远海养殖网箱的结构强度、箱体抗风浪性能、框架抗冲击性能等综合性能大幅度提高，使得深远海养殖网箱箱体的大型化成为可能，如建设中的"海峡1号"单柱半潜式深海渔场周长高达440 m，总体高度40 m，这为未来大黄鱼仿野生养殖提供了巨大的活动空间。因此，深远海养殖网箱箱体向大型化发展，有利于扩大单箱养殖容量、提高生产效率及其养成鱼类品质，是未来的发展方向。

普通网箱长期高密度养殖后，易造成沿岸近海区域环境恶化，导致养殖鱼类病害频发、品质下降；而部分沿海城市规划也要求网箱远离岸基、走向深远海。离岸养殖区域水质优良、网箱发展空间大且箱体网衣内外水体交换率高，这有利于提高养成鱼类品质，扩大网箱养殖规模，建设蓝色粮仓，如可组装式深远海潟湖金属网箱基地位于距离海口700 n mile余外的南海美济礁，为养成高品质鱼类创造了条件。深远海网箱养殖融合了新材料、新技术、新装备，具备离岸养殖区域的生存能力。因此，深远海网箱养殖的离岸化，有利于拓展养殖海域，减轻环境压力，改善养殖条件，提高鱼类品质，符合国家水产养殖绿色发展战略，是未来网箱养殖发展的必由之路。

随着深远海养殖网箱的离岸化、大型化发展，传统手工作业方式已无法满足现代养殖业发展需求，网箱配套智能化装备的研发与应用推动了深远海智慧渔场模式的发展，正成为国家重大需求和重要支持方向。深远海养殖网箱配套智能化装备包括智能化安全防护与环境监测系统、智能感知投饵机、智能化网衣清洗机、智能化网衣破损预警系统、鱼类自动分级系统、智能起捕系统、智能运输系统、智能养殖平台、智能死鱼收集器、智能养殖作业船等。现代信息技术、智能装备技术和中国

制造技术等的创新应用，逐步提高了我国深远海养殖网箱智能装备技术，如水动力自动投饵等智能化装备应用于"长鲸一号"深远海智能化坐底式网箱，推动了我国自动投饵技术升级。因此，深远海养殖网箱配套装备的智能化，有利于增加科技含量，提升产业水平，是未来的发展趋势。

与普通网箱和深水网箱相比，深远海养殖网箱所处养殖环境具有离岸、深水和开放性水域等鲜明特征，这就要求使用新材料、新技术、新装备，以提高网箱设施的抗风浪性能，网箱养殖成本也因此而大幅度增加。通过深远海养殖网箱装备的规模化制造及其养殖应用来形成产业区域集群，以吸引更多的资金、人才、企业和资源等进入产业链，可大幅度降低深远海养殖网箱成本，推动深远海养殖网箱产业的可持续健康发展。因此，规模化养殖是未来深远海养殖网箱发展的必然趋势，有利于降低成本，享受规模养殖红利。

自 2017 年以来，我国深远海养殖网箱产业发展较快，在各级政府和院所校企等的支持下建造了 10 余个新型深远海养殖网箱装备，取得了阶段性的成果，如"澎湖号"半潜式波浪能养殖网箱建成后试养成功，并已实现产品销售与渔旅结合。诚然，从我国现有深远海养殖网箱布局来看，整个产业呈现出"小而散""集约化低""单兵作战"等特点，产前、产中、产后各环节的管理水平与合作层次等都有很大的提升空间，不同网箱单位、专家、团队之间的合作交流也不够深入，距离网箱"全国一盘棋、集中力量办大事"的大好局面还有很大的距离。同时，我国现有深远海养殖网箱产业链仍不完善，缺乏涵盖产业链各个环节的大型龙头企业。因此，深远海网箱养殖产业链的集约化是未来发展的大势所趋。

此外，我国深远海养殖网箱未来还会向标准化（如深远海养殖网箱系统的标准化）、一体化（如构建"养殖 + 捕捞 + 加工 + 流通"一体化的综合体）、生态化（如"生态养殖优先战略 + 智能化装备"应用，可减轻养殖业对环境的污染）、多元化（如开展网箱游钓、渔旅融合与岛礁生态系统保护等多元化发展模式）等方向发展。深远海养殖网箱作为一种新型养殖模式，其综合优势明显，是未来我国水产养殖业的有益补充。深远海养殖网箱前景广阔，但不可能一蹴而就，需要各级政府的大力支持，更需要各科研院所校企的通力合作和共同努力。

2. 我国深远海养殖网箱的发展建议

我国海岸线漫长，深远海水域辽阔，这为大力发展深远海网箱养殖提供了得天独厚的天然条件。虽然我国深远海养殖网箱产业取得了长足发展，但与挪威等国相比还存在较大差距，我国渔业管理部门可根据资源节约、环境友好、质量安全等绿色发展要求，按照离岸化、大型化、智能化、规模化、集约化、标准化、生态化、多元化、产业化的发展方向，因地制宜地推进深远海养殖网箱的绿色发展。为此，对今后的发展提出以下建议：①开展适养海区的调查研究，制定深远海养殖网箱产业发展规划，引导相关产业科学、有序发展；②制定深远海养殖网箱管理条例和标准，规范网箱生产、配套服务企业的行为，保证产品和服务质量；③加大政府扶持力度，扶持深远海养殖网箱产业发展；引导民间资本投入，扩大资金来源；建立金融保险机制，降低养殖风险；④加大深远海养殖网箱基地建设、生产企业和养殖户的支持力度，培育较为完整的产业链；⑤结合当地实际情况和市场行情，推广多种经营管理模式，引导渔（农）民参与深远海网箱养殖，切实增加渔（农）民收入；⑥设立深远海养殖网箱技术专项计划，开展产业链环节中的关键技术攻关，解决产业发展中的"卡脖子"问题，支持网箱产业可持续健康发展；⑦强化重研究、缓推广理念，杜绝一哄而上、盲目攀比，脚踏实地、因地制宜，稳步推广应用深远海养殖网箱；⑧加强网箱产学研合作，搭建成果共享平台，强强联合、优势互补，推进深远海养殖网箱产业集群发展；⑨发挥水产技术推广部门作用，加大先进技术示范与推广力度，促进深远海养殖网箱产业化水平的提高；⑩建立深远海养殖网箱产业联盟，整合全社会资源，构建完整产业链，多轮驱动相关技术的研发、成果转化和产业化应用。

在今后的深远海养殖网箱发展中要充分做好宏观管理、顶层设计、专业研发、效益分析、推广应用，切忌盲目冒进、一哄而上；要尽可能分步实施、有序推进，走出一条具有中国特色的深远海养殖网箱发展之路。2021 年 5 月，首届中国深远海养殖高质量发展研讨会暨首期深远海养殖探索与实践高级研修班在烟台举行。研讨会以"科技赋能产业 创领绿色发展"为主题，由中国水产流通与加工协会、烟台市人民政府主办，烟台经济技术开发区管理委员会、中国（山东）自由贸易试验区烟台片区管理委员会、烟台市海洋发展和渔业局、烟台经海海洋渔业有限公司承办。会上，参会专家认为，深远海养殖有着美好的前景，但是深远海养殖对我国而言是个探索与实践的过程，在远离陆基的地方建设大型智能化养殖渔场，海工装备技术等面临很多挑战，不是传统近岸网箱的拓展而是传统海工的升级，国内企业都在做着很好的尝试。

第三节 国内外养殖工船与养殖平台的发展简况

目前，国际上尚无深远海养殖工船与深远海养殖平台国际标准与国家标准。由于相关标准缺失，在目前的养殖生产、文化交流、贸易往来等活动中，"深远海养殖网箱""深远海养殖工船""深远海养殖平台"等水产养殖模式用词比较混乱。尽快立项制定上述术语和定义标准非常重要与必要。除了"海洋渔场 1 号"等深远海养殖网箱，国内外还开发了养殖工船、养殖平台等深远海养殖装备。本节对养殖工船与养殖平台发展概况进行简要介绍。

一、国外养殖工船装备发展概况

海洋空间被誉为人类的"蓝色粮仓"。随着环保整改和水产养殖产业提质增效的不断推进，海水养殖产业的转型升级已成为探寻渔业资源保护的重要举措。欧洲正在实施"深远海大型网箱养殖平台"工程项目，利用可整合海水大型网箱技术、海上风力发电技术、远程控制与监测技术以及优质苗种培育技术、高效环保饲料与投喂技术、健康管理技术等配套技术，形成综合性的工程技术体系，这是人类开发和利用海洋资源的新尝试。法国在布雷斯特北部的布列塔尼海岸与挪威合作建成了一艘长 270 m，总排水量 100 000 t 的养殖工船。西班牙彼斯巴卡公司设计的养鱼平台，能经受 9 m 海浪，管理 7 只 2 000 m³ 的深水网箱，年产鱼 250~400 t。

荷兰开发了"InnoFisk"养殖工船，其船长 300 m，可年产 500 t 三文鱼（图 1–41 ）。"InnoFisk"养殖工船设置了三文鱼繁育循环水系统，可开展海水育苗养殖、生物饵料培养和成鱼养殖。"InnoFisk"养殖工船可孵化至少 10 万尾三文鱼。为了控制病害暴发，"InnoFisk"养殖工船将养殖密度控制在 20 kg/m³ 以内（相当于 1 m³ 水体养殖 4 条 5 kg 的成鱼）。

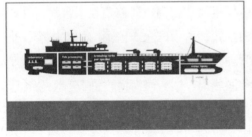

图 1–41　"InnoFisk"养殖工船结构形式及其配套设施

一种深远海金枪鱼养殖工船（以下简称"金枪鱼养殖工船"）由 Izar Fene 造船厂与 Itsazi Aquaculture 公司合作研制，用于暂养、育肥和运输蓝鳍金枪鱼，具有航运能力，能将金枪鱼从地中海运输到日本（图 1–42）。金枪鱼养殖工船规格为 190 m（长度）× 56 m（宽度）× 27 m（水线深度），其主甲板深度 47 m，最小吃水深度 10 m，锚泊吃水深度 37 m，定员 30 人。金枪鱼养殖工船有两种工作状态：一种为移动状态；另一种为锚泊状态。当金枪鱼养殖工船处于移动状态时，船舱与网箱合为一体，其养殖容积为 95 000 m³，整个设施能以 8 kn 航速行驶。当金枪鱼养殖工船处于锚泊状态时，网箱下降至船底平台龙骨下，与船舱一起成为一个规格为 120 m（长度）×

51 m（宽度）×45 m（深度）的大型网箱设施，其养殖容积（网箱和船舱）范围为 95 000~195 000 m³。多用途的辅助网箱位于船体上部的支撑结构和水下船体之间，用养殖网衣将水体围成三个部分，根据不同的工作任务分别用于捕捞、鱼的销售、金枪鱼的移入、鱼病治疗等。网箱网衣通过高压水进行清洗（高压水位于船底四周的管道内），人们可用高压水从里向外冲洗

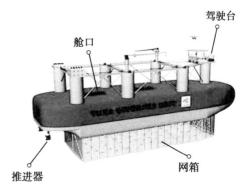

图 1-42　一种深远海金枪鱼养殖工船

上、下移动时的网衣。金枪鱼养殖工船设有投饵系统、死鱼清除装置、氧气发生装置和鱼类行为生态监控系统等。此外，金枪鱼养殖工船还设有 5 000 m³ 容积的冷藏库，足以保证从欧洲航行至日本途中的饲料需求。金枪鱼养殖工船一般位于金枪鱼捕捞渔船的作业海区，通过一艘辅助船将装有金枪鱼的网箱移至该设施的尾部，然后，采用不同的方法向船首方向移动，直至移动到三个分隔水体中的一个为止。金枪鱼捕捞是通过一个取鱼网把网箱移到辅助网箱，然后，提升该养殖装备，使水池中的水量下降，迫使鱼集中至一个特定的区域，以利于捕捞操作。金枪鱼离岸单元配备了两种传统的海上起重机，位于船身中部，且配备了足够的救生设备。金枪鱼养殖工船的基本设计（包括机械和服务）是按照典型的近海规则设计的。国际海事组织和西班牙的规定也被考虑在内。

2020 年 3 月，中集来福士为挪威 Nordlaks Oppdrett AS 建造的"HAVFARM 1"深水养殖工船（以下简称"HAVFARM 1"，图 1-43）举行命名暨离港仪式。"HAVFARM 1"后被命名为"JOSTEIN ALBERT"，以"干拖"形式运输至挪威哈德瑟尔区域，进行深远海三文鱼养殖作业。"HAVFARM 1"由 Nordlaks、NSK Ship Design 公司共同开发设计，中集来福士进行基础设计、详细设计和总装建造。

图 1-43　"HAVFARM 1"深水养殖工船

"HAVFARM 1"规格为385 m（长度）×59.5 m（型宽）×65 m（深度），总面积约等于4个标准足球场的面积；它由6座深水智能网箱组成，养殖规模可达10 000 t（约合200余万尾三文鱼）。"HAVFARM 1"融合了挪威先进海工设计能力与中国高端装备建造能力，在船东、设计公司、船级社、供应商等各方的充分协同下，该项目取得了多项技术突破和工艺革新，丰富了我国在深远海养殖工船领域的经验与能力。"HAVFARM 1"是全球首艘通过单点系泊系统进行固定的养殖工船，在日常运营中，它随着海水流向围绕系泊系统可360°旋转，加快海水交换，改善养殖环境。在恶劣气候下，可大大减少风浪对船体的冲击，确保养殖安全。

为满足现代化养殖需求，"HAVFARM 1"装备全球先进的三文鱼自动化养殖系统，能够解决挪威三文鱼养殖密度过高、养殖水面不足和三文鱼海虱病等问题，实现鱼苗自动输送、饲料自动投喂、水下灯监测、水下增氧、死鱼回收、成鱼自动搜捕等功能。此外，"HAVFARM 1"符合全球严苛的NORSOK（挪威石油工业技术法规）标准，入级挪威船级社，适应挪威峡湾外的极寒气候和恶劣海况。由于"HAVFARM 1"体积大、配置高、标准严，堪称渔业装备中的"巨无霸"。在"HAVFARM 1"建造过程中，首次采用巨型桁架式结构合拢，需要一次性完成6个合拢口的对接，与常规单口对接相比较，难度系数大幅增加；钢结构施工标准高、异形结构焊接量大，仅无损探伤检测（NDT）量就是普通半潜平台的2倍；全船油漆符合当前涂装标准"NORSOK M501"，"完美、严苛"的涂装工艺设计寿命为25年。"HAVFARM 1"改变了三文鱼水产养殖业方向，以可持续发展的方式满足全球对健康海鲜日益增长的需求，值得期待。

二、国内养殖工船装备发展概况

养殖工船目前为我国先进的可移动养殖模式，它改变了传统养殖产业模式，将海水养殖从近海拓展到深远海，同时解决了传统深水网箱养殖设施不可移动的弊端，通过引导大数据、物联网、人工智能等现代信息技术与水产养殖生产深度融合，有助于缓解近海养殖污染，解决传统养殖业转型升级等问题。养殖工船是落实我国海洋强国建设、发力深远海养殖、推动我国海洋渔业智能化现代化升级发展的重要方向和载体。

在我国深远海养殖工船发展史上，人们曾提出利用废弃货船或退役船舶（如船期已满的大吨位退役油船、散装货船等）建造养殖工船的技术方案。2014年，农业部联合中国水产科学研究院及相关企业启动了"深海大型养殖平台"的构建项目（图1-44），标志着我国深海养殖工船项目进入实质性推进阶段。该"深海大型养殖平台"拟由10万吨级阿芙拉型油船改装而成，不仅能够提供养殖水体近80 000 m³，满足 3 000 m 水深以内的海上养殖，并具备 12 级台风下安全生产、移动躲避超强台风等优越功能，这为深海养殖工船的发展提供了技术支持与储备。上述养殖工船能克服原有养殖模式的诸多弊端和不足，在养殖鱼类过程中，可充分利用优越的自然条件，并能将多种科学养殖方法有机结合。

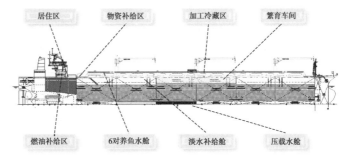

居住区　　物资补给区　　加工冷藏区　　繁育车间

燃油补给区　　6对养鱼水舱　　淡水补给舱　　压载水舱

图 1-44　10 万吨级大型养殖工船构建项目方案

2017 年 7 月，在日照码头举行了"鲁岚渔养 61699"养殖工船（以下简称"鲁岚渔养 61699"）揭牌仪式。仪式之后，"鲁岚渔养 61699"起航开赴日照以东 100 n mile 外的黄海冷水团区域，正式开启它的使命。据媒体报道，这次起航的"鲁岚渔养 61699"为我国建造的第一艘养殖工船，由日照市万泽丰渔业有限公司出资、日照港达安装工程有限公司改建（图 1-45）。"鲁岚渔养 61699"规格为 86 m（长度）×18 m（型宽）×5.2 m（型深），拥有 14 个养鱼水舱，配备饲料舱、加工间、鱼苗孵化室、鱼苗实验室等配套舱室与设备，可满足冷水团养殖鱼苗培育和养殖场看护要求。"鲁岚渔养 61699"相当于一个超大的浮动网箱，深入传统近岸网箱无法到达的深海区。"鲁岚渔养 61699"通过循环抽取海洋冷水团中的低温海水，可以低成本进行三文鱼等高价值的海洋冷水鱼类养殖。"鲁岚渔养 61699"所属的黄海冷水团绿色养殖科技创新项目是山东省"海上粮仓"建设计划的重点项目。此项目通过构建养

图 1-45　"鲁岚渔养 61699"养殖工船及其配套起捕装备

殖工船和多类网箱组成的离岸养殖系统，创新陆海衔接的养殖模式，打通山东省黄海冷水团优质鱼养殖与内地苗种供应基地的联系；项目可催生远海养殖产业带，形成海洋经济新增长点；项目建造"养殖工船—网箱—观测"一体化工程示范平台，有望引领我国新一轮海水养殖浪潮；在世界上首创温带海域冷水鱼类规模化养殖模式，促进我国由水产养殖大国向水产养殖强国的转变。"鲁岚渔养61699"在实际生产中的应用效果，将在生产实践中得到进一步的测试验证。

自2015年以来，在渔业装备与工程的合作研发项目（项目编号：TEK20151116）的支持下，东海所石建高研究员课题组联合台州广源渔业有限公司等多家单位跨界合作，设计出一种养殖工船。该养殖工船拥有5个养鱼水舱，相关设计分布如图1-46所示。

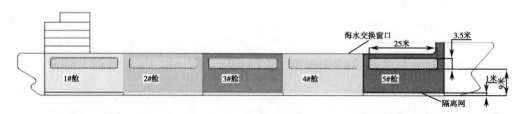

图1-46   养殖工船养殖舱室分布

根据相关媒体报道，2019年3月中国船舶工业集团（以下简称"中船集团"）有限公司第七〇八研究所和上海耕海渔业有限公司（以下简称"耕海渔业"）在上海临港正式签署了深远海养殖工船的设计合同，标志着中国深远海养殖首个自主知识产权的成套装备进入产业化实施阶段（图1-47）。此次签约的养殖工船是我国深远海养殖装备的2.0版本。本船为钢制全焊接，流线型艏、艉驾驶室，双壳双底、双桨推进、带艏侧推的深远海养殖加工船，具备自主移动避台风、变水层测温取水、舱内循环水环保养殖、分级分舱高效养殖、自动化智能化五大技术突破。主要用于在国内深远海海域开展三文鱼养殖及加工，并在预选海域开展定点养殖加工作

图1-47   新一代深远海养殖工船

业，具有较好的市场前景。该船有针对性地解决了长期困扰传统的开放式水域养殖"听天由命"的痛点，将海产品养殖从近岸推向深远海，进入自动化、智能化、规模化、工业化的现代渔业生产阶段，可提供 8×10^4 m³ 养殖水体，年产三文鱼近万吨，产值超过 10 亿元，且具有很好的复制性，具有较好的市场前景。

上述深远海养殖工船的设计、开发、建造及应用，将不断增强我国在特种海工装备研发设计、深远海资源综合开发利用领域的科技引领能力和创新驱动能力，推动海洋产业转型升级。本次签约是中船集团、耕海渔业、上海临港在推动深远海养殖装备发展上迈出的重要一步，对加强深远海养殖工船装备体系及其关键核心技术研究具有重要意义。截至目前，该项目尚未正式启动建造工作。

2020 年 6 月，青岛国信发展（集团）有限责任公司、青岛北海船舶重工有限责任公司正式签约，建造全球首艘 10 万吨级智慧渔业大型养殖工船——"国信 1号"全封闭可游弋大型养殖工船（以下简称"国信 1 号"，图 1-48）。"国信 1号"载重量约 1×10^5 t，养殖水体达 8×10^4 m³，船长 249 m，单船投资约 4 亿元。该养殖工船建成后将常年游弋在黄海千里岩、东海舟山群岛、台山群岛和南海南澎岛间，以开展大黄鱼、石斑鱼、三文鱼、黄条鰤等名优鱼种养殖（名优养殖鱼种一般对水体温度较为敏感，以大黄鱼为例，自然条件下主要在春、秋

图 1-48 "国信 1 号"全封闭可游弋大型养殖工船效果图

两季生长。通过智慧渔业大型养殖工船在海上的移动，可以选取合适温度的海水进行养殖，从而实现大黄鱼全年不间断生长。根据设计方案，"国信 1 号"投产后，将在山东青岛、浙江舟山、福建、广东等水域移动养殖，养殖的大黄鱼可以实现一年收获两季）。"国信 1 号"的建造，是一个引领性、突破性和创新性项目，标志着我国第六次海水养殖浪潮的到来，将为我国实施"深蓝渔业"战略提供重大装备支撑与产业示范。"国信 1 号"在设计上秉承绿色养殖理念，以适渔性为导向，在船体结构、推进系统、系泊方式等方面优化设计，以国内领先、世界一流的减震降噪技术实现养殖空间与船舶总体有机结合，构建生态、高效、集约化舱养空间；通过系统集成与模式创新，开创智慧养殖新模式，可有效规避近海养殖污染与远海养殖风险，同时可带动船舶设计及建造、智慧渔业、物联网、水产品深加工等多个产业融合发展，实现船舶工业新旧动能转换和拓展深远海国土利用空间的集成示范，将引领我国离岸深远海养殖新趋势。

2020 年 12 月 19 日，"国信 1 号"在青岛西海岸启动建造。该船将于 2021 年完成分段施工、合拢、出坞下水并开展设备及系统调试，计划于 2022 年 3 月交付，投产后，预计年产精品鱼类 4 000 t，年均营业收入约 2.2 亿元。青岛国信发展（集团）有限责任公司深入实施海洋强国建设，联合中船集团、海洋试点国家实验室、中国水产科学研究院、青岛蓝色粮仓投资发展有限公司等单位，实施全球首艘 10 万吨级全封闭可游弋大型养殖工船项目，以前瞻性、引领性、示范性的养殖技术与装备创新，向世界提供了深远海养殖工船的"青岛方案"。据媒体介绍，该有限责任公司今后将进一步深化与有关单位的合作，充分整合发挥各方优势，以首艘养殖工船的投产为起点，陆续投资建设 50 艘养殖工船，形成总吨位突破 5×10^6 t、年产名贵海水鱼类 2×10^5 t 余，产值突破 110 亿元的深远海养殖产业链条，全力将项目打造成为世界级深远海养殖示范工程。

2020 年 11 月，"国信 101"号养殖工船中试船交船仪式在浙江台州举行（图 1-49）。为了对养殖工船高效养殖作业工作原理、装备工况适应性以及工业化高效养殖模式开展试验研究，国信中船（青岛）海洋科技有限公司启动实施"国信 101"号养殖工船中试船项目。"国信 101"号养殖工船中试船总吨位约 3 000 t，排水量约 6 800 t，通过搭载多种养殖装备，在国内海域开展大黄鱼、三文鱼等主养品种深远海工船养殖中试试验，进一步优化船载养殖系统及工艺，完善深远海养殖工船装备研发与试验技术体系，实船验证舱内养殖方式及养殖装备的兼容性、可靠性和适渔性，最大限度规避风险，为后续"国信 1 号"全封闭可游弋大型养殖工船项目的稳步开展与现代养殖提供了有力支撑。"国信 101"号养殖工船中试船开展了新品种、新工艺、新装备和新模式等试验，以突破深远海养殖技术瓶颈。2021 年 2 月，由"国信 101"号养殖工船中试船养殖的首批大黄鱼在南海海域集中起捕出货并上市销售，这是国内首次由养殖工船养殖的大黄鱼上市销售（大黄鱼规格为每条 500~

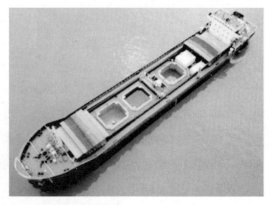

图 1-49　"国信 101"号养殖工船中试船

600 g，出鱼量约为 10 000 尾，共 6 t）。

　　2021 年 5 月，中国太平洋保险公司（以下简称"中国太保"）在业内首创"养殖工船"鱼养殖保险并成功在海南落地首单。中国太保海南分公司为海南省民德海洋发展有限公司"MINDE"号养殖工船上的黄鲥鱼在养殖过程中面临台风、寄生虫侵袭和赤潮灾害等风险提供保险保障，这标志着中国太保全方位护航"养殖工船"建设，在海水养殖保险领域又有了新突破。一直以来，海水养殖属于高投入、高风险、高收益的行业，台风、赤潮等海洋灾害更加剧了养殖业的风险，养殖户往往只能"听天由命"。中国太保创新推出的"养殖工船"鱼养殖保险通过与船上物联网技术设备对接，对养殖环境全程监控和利用全球定位系统（GPS）定位养殖工船锚泊位置，日常定期和灾前收集养殖数据，一方面有效解决传统水产养殖险定损难的问题；另一方面起到全程预警作用，降低养殖风险。后续，中国太保将持续完善风险保障内容，让海水养殖不再怕"风急浪高"与"风大流急"，为海水养殖从近岸养殖走向离岸养殖、深水养殖、深远海养殖保驾护航。

　　综上所述，经过多年的发展，我国养殖工船取得了突破性的进展，其前景相当广阔，但有些水产养殖专家认为，我国在建的大多数养殖工船项目获得了渔业补贴等国家、省市政策的大力支持，因此在分析养殖工船模式产业可行性时，人们应在去除国家、省市相关补贴后再理性分析其可行性，特别需要考虑养殖工船项目的投资成本、单位养殖水体成本，以客观分析其在实际生产中的经济可行性与投资回报率等。建议我国政府对养殖工船推行严格的审批制度，以控制投资成本，确保其有序、规范发展。

三、养殖平台发展概况

　　离岸养殖平台、深水养殖平台或深远海养殖平台主要发展于公海石油平台。当海洋油气开采完或相关项目完成后，人们可以将废弃的石油平台改建为离岸养殖平台、深水养殖平台或深远海养殖平台，再以该平台为养殖基地，周围布置水产养殖网箱，以发展"石油后"产业（图 1-50）。比较典型的养殖案例是西班牙彼斯巴卡

图 1-50　养殖平台及其配套网箱设施

公司的养殖平台，依托该养殖平台实现了周边养殖装备年产鱼类 400 t 左右。此外，日本北海道北联水产公司养殖平台，依托相关养殖平台专门养殖昂贵食用鱼，每年可向市场投放 2×10^5 t 优质鱼，销售额高达几十亿美元。由此可见，废弃的石油平台在深远海养殖中有广阔的发展空间，应充分发挥其作用。

2021 年 6 月，湛江湾实验室组织召开了"南海游弋式大型养殖平台研制"科研项目启动会，会议就项目技术方案进行了论证。游弋式大型养殖平台技术指标为：总长 255 m，型宽 45 m，型深 22.3 m，养殖吃水 16.5 m，有效养殖水体 1.2×10^5 m³，设计航速不低于 10 kn，循环水系统功率 2 000 kW，年产卵形鲳鲹 9 600 t。它适用于我国深远海海域全年游弋式养殖作业，系泊养殖工况适用水深 20~60 m，并能抵御 8 级风力。据项目负责人介绍，"南海游弋式大型养殖平台"在循环水系统、船舶设计等方面不同于"国信 1 号"养殖工船。"国信 1 号"养殖工船采用闭式循环水系统、传统载重型船舶设计，而"南海游弋式大型养殖平台"采用开式循环养殖系统、布置地位型船舶设计。经过 2021 年广东省级促进经济高质量发展专项（海洋经济发展）海洋六大产业项目申报、评审等程序，湛江湾实验室牵头申报的"南海游弋式大型养殖平台研制"项目获广东省自然资源厅立项，经费总额 3 800 万元。"南海游弋式大型养殖平台"的研发及其成果的产业化应用，有望开启我国深远海海域全年游弋式养殖作业新时代。

针对深远海海况条件及养殖平台构建基本要求，我国应积极开展工船平台和网箱设施水动力学特性研究，研发专业化舱养工船、半潜式开舱养殖工船等基础船型，以及拖弋式大型网箱、半潜式大型网箱设施等模型，突破锚泊与定位控制技术、电力推进与驱动控制技术，构建自动化投喂与作业管理装备技术体系。同时，开发海洋石油平台海水养殖功能性拓展和转移综合利用技术。拓展海洋石油平台的功能，嫁接现代化的深海养殖装备，综合利用现役海洋石油平台，改造去功能化的海洋石油平台，构建去功能化的老旧海洋石油平台功能移植深海养殖模式，建立深远海养殖基站。根据海区捕捞生产需要，建立海上渔获物流通与粗加工平台。以游弋式大型养殖工船平台为核心，固定式大型网箱设施为拓展，岛、陆生产基地为配套，结合远海捕捞渔船、综合加工船、海上物流运输船，形成渔业航母船队，建立深远海渔业生产模式，并开展产业化生产示范。综上，养殖平台在未来的深远海养殖产业中将占据重要地位，其前景非常广阔，值得我们花大力气进行深入研究。

第二章 围栏养殖业发展概况与养殖网衣本征防污技术

将养殖围栏区域从近岸移向深水、离岸、深远海，可有效避免近海环境污染问题，发展深远海围栏养殖业。与传统近岸养殖小型围栏相比，大型深远海养殖围栏的养殖水体大、养殖环境好、抗风浪能力强、养成鱼类品质高，诸多优势驱动其在浙江、山东等地快速发展。诚然，目前深远海养殖围栏、半潜式养殖装备等深远海养殖装备设施仍存在网衣防污等诸多技术难题亟待解决，这严重制约着深远海养殖业的健康发展，开展养殖网衣防污技术研究非常重要和必要。本章系统阐述海水养殖围栏的定义与起源、深远海围栏养殖业的发展战略与产业概况、养殖设施网衣本征防污技术研究等内容，为读者深入研究养殖网衣防污技术与围栏养殖业等提供参考。

第一节 海水养殖围栏的定义与起源

我国水产养殖模式多种多样，主要包括池塘、普通网箱、深水网箱、筏式、吊笼、底播、工厂化和围栏养殖等。（海水围栏养殖是一种半人工、介于养殖与增殖之间的接近海域生态的养殖模式，在海水养殖中应用范围越来越广）。在水产养殖领域，围栏亦称围网、网栏、网围、栅栏等。本书涉及的围栏特指水产养殖领域中的围栏，围网特指水产养殖领域中的围网。本节主要介绍海水养殖围栏的定义与起源。

一、海水养殖围栏的定义

中国目前为世界第一水产养殖大国，但最近几年无论是内陆养殖还是近海养殖，发展空间都持续受到其他产业挤压，而且水质环境也在不断恶化，在种种不利因素影响下，水产养殖业未来的增长空间令人担忧。为应对上述挑战，人们把目光瞄准了深远海养殖。世界上迄今尚无正式发布的深远海养殖定义标准。曾有美国学者这样定义深远海养殖：通常被认为是将养殖系统安放在离岸数千米外，有大的水流和海浪的地区。深远海养殖涉及网箱养殖、生态围栏、贝藻类养殖、养殖工船和养殖平台等。

养殖围栏（以下简称"围栏"）生产是指在水域中用网围拦出一定水面养殖水生经济动植物的生产方式。海水养殖围栏（以下简称"海水围栏"）生产是一种重要的养殖模式，是网箱和工厂化养殖等养殖模式的重要补充。根据《2020 年中国渔业统计年鉴》，2019 年我国池塘、普通网箱、深水网箱、筏式、吊笼、底播和工厂化等海水养殖方式产量分别为 2 503 495 t、550 317 t、205 198 t、6 174 565 t、1 289 917 t、5 128 217 t 和 275 875 t。随着海水围栏养殖业的发展，出现了普通养殖围栏（以下简称"传统海水围栏"）、深水养殖围栏（以下简称"深水围栏"）、深远海养殖围栏（以下简称"深远海围栏"）等多种海水养殖围栏模式。

鉴于全球性海洋渔业资源因捕捞过度、环境污染、生产破坏等原因而衰退，以及环保管理要求、渔场缩小等原因，海洋捕捞已满足不了人们对（高端）水产品的迫切需求。因此，无论从数量、质量还是从养殖品种等来看，海水鱼养殖都有着很大的发展潜力。世界银行、世界粮食及农业组织（FAO）等发布的《2030 年渔业展望》报告预测，2030 年全球水产总量有望达到 1.87×10^8 t，食用鱼近 2/3 将由养殖来提供。因此，开展深远海围栏养殖大有可为，有利于现代渔业的可持续发展。

海水围栏是涉及渔具及渔具材料、流体力学、水产养殖、工程力学、材料力学、海洋生态环境、海洋生物行为等多个学科的养殖设施。海水围栏设施底部可采用接触海底或设底网等方式。对堤坝式围栏而言，网具系统可由"透水式桩基 + 网具系统"等部分组成。当围栏底部使用接触海底方式时，整个围栏系统一般由框架系统、网具系统和防逃系统等部分组成。投饵机、吸鱼泵、洗网机、环境监测系统等养殖设施是围栏配套装备。人们可根据养殖生产投入、配套装备技术成熟性、有无配套的现代化养殖工船等多种因素来综合选择是否采用围栏配套装备。

《水产养殖术语》（GB/T 22213—2008）给出了网围养殖的定义。所谓"网围养殖"，是指在湖泊、水库、浅海等水域中用网围拦出一定水面养殖水生经济动植物的生产方式。东海所石建高研究员等开展了围栏定义研究，在广泛征求专家、企业代表、全国水产标准化技术委员会渔具及渔具材料分技术委员会委员等意见的基础上，率先在水产行业标准中给出了围栏的定义，为围栏政策法规及名词术语标准的制定等提供了技术储备。目前，围栏定义已经列入 2020 年修订的水产行业标准《渔具基本术语》（SC/T 4001）中，填补了此定义的空白。所谓"围栏"是指在湖泊、水库、浅海等水域中用网围拦出一定水面养殖水生经济动植物的增养殖设施。

基于上述围栏定义，我们可以进一步给出海水围栏等其他围栏的定义。所谓"海水围栏"，是指在浅海等海域中用网围拦出一定水面养殖水生经济动植物的增养殖设施。传统海水围栏亦称传统近岸围栏，是指在沿海近岸、内湾或岛屿附近，水深不超过 15 m 的海域中用网围拦出一定水面养殖水生经济动植物的中小型增养殖设施。深水围栏亦称离岸围栏，是指在开放性水域，水深超过 15 m 海域中用网围拦出一定水面养殖水生经济动植物的大型增养殖设施。截至目前，我国尚无水产养殖围栏标准。为更好地开展海水养殖围栏管理、合作交流、生产加工、贸易统计、分析评估等工作，急需制定水产养殖围栏标准。2020 年，石建高研究员提交了行业标准《海水养殖围栏通用技术要求　第 1 部分：术语、分类与标记》建议；2021 年 5 月 6 日，农业农村部农产品质量安全监管司发布《关于下达 2021 年第一批农业国家和行业标准制修订项目计划的通知》（农质标函〔2021〕76 号）。至此，行业标准《海水养殖围栏通用技术要求　第 1 部分：术语、分类与标记》正式立项。该行业标准正式立项具有划时代的意义，标志着我国海水养殖围栏养殖模式进入了标准化时代。

为统一深远海围栏的术语和定义，开展"深远海""深远海围栏""深远海生态围栏"等深远海养殖业相关概念的论证研究非常重要和必要。针对深远海养殖业的发展概况，东海所石建高研究员在《深远海生态围栏养殖技术》一书（海洋出版社）中给出了深远海围栏的定义：深远海围栏（deep-sea enclosure；high sea enclosure；open sea enclosure）是指在低潮位水深超过 15 m 且有较大浪流开放性水域、离岸 3 n mile 外岛礁水域或养殖水体不小于 20 000 m³ 的海水围栏。

二、水产养殖围栏的起源

我国淡水养殖围栏的使用较早。20 世纪初期，人们开始将江河中捕捞到的鱼虾蟹（苗）暂养。此时，人们主要在河沟等处拦截一块较大水体进行鱼虾蟹（苗）的暂时性圈养，以便将其养大或日后食用等。但因当时生产力落后且缺少合适饵料、网衣材料与养殖经验等，导致围栏面积较小且水体交换不畅，更兼粗放粗养特征，其产量和效益也较低。20 世纪 70 年代前，我国的养殖围栏一直处于无规模状态。20 世纪 70 年代，在草型湖泊曾因放养草鱼过量而使草型湖泊演变成藻型湖泊。为合理利用并保护水草资源，在草型湖泊的敞水区进行了网围养鱼试验。20 世纪 80 年代中期之后，网围养殖在生产上得到了广泛应用并迅猛发展，其特点是建立在以沉水植物为主饲料的、主养草食性鱼类的基础上。

20 世纪 90 年代后，网围养殖又成为主养中华绒毛蟹的理想养殖模式；王友亮等开展过形式多样的网围养殖技术研究。进入 21 世纪，人们在港湾、滩涂低洼处、峡谷等海区拦截一块较大水体进行鱼虾蟹（苗）的暂时性圈养，并形成《网箱养鱼与围栏养鱼》等理论成果，推动了养殖业的进一步发展。

我国围栏养殖品种包括大黄鱼、鲈鱼、鲵鱼、石斑鱼、斑石鲷、舌鳎、扇贝、牡蛎、蚶、蛤、海带、虾类、蟹类等。海水围栏由淡水围栏演变而来。与海水网箱类似，海水围栏将鱼类等养殖对象围养在网内，围栏内外一般仅一网之隔，养殖环境接近自然，水流以及天然饵料可以从网孔或栅栏孔等通过，残饵或代谢物等可通过网孔排出，使围栏形成一个活水环境，依靠潮汐和海流等实现围栏内外水体交换，不但能保持养殖区域的生态平衡，而且能满足养殖对象的生长需求，在近乎天然水域的环境中生长，具有见效快、效益好、技术简便、操作灵活、养殖水体大、养殖密度低、养成鱼类品质好、养殖环境友好、抗风浪能力强和利用天然饵料能力高等优点，是一种半人工、介于养殖与增殖之间的接近海域生态的养殖方式。从水产养殖产量上区分，围栏属于半密集型，而网箱属于超密集型。

根据养殖海况、起捕要求、养殖对象行为等实际情况，围栏底部可采用接触海底或设底网等方式。当围栏底部使用设底网方式时，可省略防逃系统。当围栏底部使用接触海底方式时，需采取特种防逃系统，以防养殖鱼类逃逸；一旦养殖鱼类逃逸，不但会影响养殖效益，而且将破坏鱼类种质。为此，（超）大型围栏均需要进行专业选址、论证、设计、建造和维护保养，确保养殖鱼类安全。围栏底部使用接触海底方式，鱼类生长环境类似于自然海域，巨大的养殖水体不但降低了养殖密度、鱼类在高海况下的相互挤压风险，而且增加了养殖对象的活动水层与活动空间，这大大提高了鱼类品质、成活率和抗病防灾能力。海水围栏是一种值得推广的生态养殖模式，其产业前景相当广阔。围栏养殖鱼类可充分利用自然海域的饵料生物，适当配合投喂饵料，从而实现围栏生态养殖。根据养殖鱼类的习性，围栏鱼类可进行混养，如大黄鱼围栏中，可混养适当比例的舌鳎鱼类，不但可使围栏更加接近自然生态，而且提高了饵料系数和养殖效益。

基于海况、养殖品种以及投资总额等综合因素，海水围栏可以在近岸、港湾、峡湾、近海滩涂、离岸水域、深远海开放性水域或远海岛礁水域等各类水域建造。在离岸水域、深远海开放性水域或远海岛礁水域等地建设深水围栏、深远海围栏，需面对恶劣海况，其优点是水体交换条件良好、鱼类不易发病、养成鱼类品质好、不易遭受周边环境污染、不受洪水或山洪等沿岸径流影响，但缺点是单位养殖围栏的建造成本高、日常养殖生产运营成本高、遭受自然灾害的风险较高等。在近岸、港湾、峡湾、近海滩涂等地建设围栏，可以规避大风、大浪、大流等，其优点是单位养殖围栏的建造成本低、遭受自然灾害的风险较小，但缺点是水体交换条件较差、鱼类易发病、养殖水域易遭受周边环境污染、围栏易遭受洪水或山洪等沿岸径流影响等。与网箱相比，围栏水体更大，因此，围栏鱼类的起捕变得更为复杂，需根据养殖鱼类的行为特征，采用特殊的捕捞技术进行捕捞。现有围栏鱼类的相关捕捞技术包括智能化起捕、"捕捞围网集鱼 + 抄网捕鱼""捕捞围网集鱼 + 吸鱼泵捕鱼"等。与网箱相比，围栏水面更大，使得围栏鱼类的投喂变得更为复杂，需根据养殖鱼类的行为特征，采用特殊的投喂技术进行喂食。现有围栏投喂技术包括定点投喂、定时投喂和智能感知投喂等。在蓝色粮仓项目"东海渔业资源增殖与多元化养殖模式示范"的支持下，目前东海所正在开展围栏鱼类起捕技术研究。

2000 年以后，随着网箱技术、新材料技术、水产养殖技术和网具优化设计技术等新技术的开发与应用，东海所石建高研究员等专家开展围栏技术研究，形成了大量论著与专利，如《中国海水围网养殖的现状与发展趋势探析》《深远海生态围栏养殖技术》、"大型复合网围"等。网围设施材料也由普通合成纤维网衣结构拓展到栅栏、网栏、"镂空堤坝 + 网衣"等多种结构形式。针对上述水生生物的圈养设施模式，水产养殖业出现了"围栏""围网""网栏""网围""栅栏""海洋渔场""无底智能海洋渔场"等不同称谓。石建高等养殖围栏专家认为，将不采用栏杆、柱桩、堤坝等主体结构，而仅采用"网衣 + 网纲"结构形式的网围称为"围网"更加贴切，这有待今后的进一步规范。

2013—2014 年，石建高研究员联合相关单位率先为台州市恒胜水产养殖专业合作社公司设计完成了周长 386 m 的双圆周管桩式大型围栏。该围栏运行至今，已经历"凤凰"等多个台风的考验，大型围栏完好无损、技术安全可靠、抗风浪能力强、养殖鱼类品质高、经济效益好，至此，我国（超）大型围栏技术初步成熟。随后，石建高研究员课题组联合相关单位建造了双圆周管桩式大型围栏（大陈岛，周长约 386 m）、超大型双圆周大跨距管桩式围栏（浙江，周长 498 m）、超大型牧场化栅栏式堤坝围栏（浙江，养殖面积 650 亩）、零投喂牧场化大黄鱼围栏（浙江，一期养殖面积 200 多亩）等多种（超）大型围栏，并成功实现产业化应用，中央电视台等多家媒体对相关成果进行了多次宣传报道，推动了围栏的技术进步，引领了围栏产业的高质量发展与现代化建设。

综上所述，深远海养殖围栏的发展前景广阔，值得大家深入研究与大力推广应用。

第二节　我国深远海围栏养殖业的发展战略与产业概况

随着现代渔业的发展，我国开始发展大型管桩式围栏等深远海围栏项目，目前已取得突破性的进展，相关项目成果已获浙江省科技进步奖、海洋与渔业科学技术奖等。我国代表性深远海围栏项目主要包括高密度聚乙烯（HDPE）框架组合式网衣网围、大型浮绳式养殖围网、双圆周管桩式大型围栏、超大型双圆周大跨距管桩式围栏、超大型牧场化栅栏式堤坝围栏、海洋牧场综合体等。本节主要介绍我国深远海围栏的发展战略与产业概况。

一、我国深远海围栏的发展战略

随着现代渔业的发展，海水围栏逐渐成为大黄鱼等经济鱼类的一种重要养殖模式。海水围栏主要分为滩涂养殖网栏、港湾养殖网栏以及深远海围栏三种主要类型，其中，港湾养殖网栏与滩涂养殖网栏属于传统海水围栏范畴。2019年，农业农村部等十部门联合印发《关于加快推进水产养殖业绿色发展的若干意见》，提出我国将大力发展生态健康养殖，明确了未来国家大力扶持智能渔场的智慧渔业模式；支持发展深远海绿色养殖，鼓励深远海大型智能化养殖渔场建设，引导物联网、大数据、人工智能等现代信息技术与水产养殖生产深度融合。在此背景下，发展深远海围栏养殖业符合国家水产养殖业绿色发展战略。淘汰传统海水围栏、发展深远海围栏将是大势所趋。

基于我国水产养殖业绿色发展战略与围栏养殖的发展现状，在深远海围栏养殖业发展方面，建议侧重于：①重视深远海围栏系统的整体安全设计。目前，深远海围栏大多位于台风高发的东海区或冬季大风长存的黄海区，现有围栏养殖容易出现网破鱼逃、赤潮、病害等养殖事故，如何创新应用专业技术，实现建造安全、应用安全与养殖安全，助力养殖围栏设施向深远海方向发展，保障围栏养殖安全是重中之重。②开展深远海围栏设施用新材料的研究，以提高围栏网具系统的安全性，降低台风等恶劣天气造成的损失，如开展半刚性聚酯网衣、超高强绳网等高性能材料研究，以降低围栏网具在波浪流作用下网破鱼逃的风险等。③开展配套智能装备的研发与升级。由于深远海围栏养殖面积巨大，起捕、洗网、投饵、鱼类分级等单纯靠人工十分困难，需要开发、引进或应用智能装备，如洗网机、投饵机、吸鱼泵、鱼类分级装置等，以实现智能化养殖。④发展"大型围栏＋多元养殖"模式，以提高深远海围栏养殖的综合效益，如在深远海围栏养殖中可开展"大型围栏＋网箱"（或小围栏）接力养殖模式、"大型围栏＋休闲观光"模式、"大型围栏＋鱼贝藻多营养层次综合养殖"等多元养殖模式，增加副产业收益，助力养殖区乡村振兴。⑤重视养殖区的整体规划布局，完善养殖鱼类产供销流动加工产业链，确保深远海围栏养殖业有序、高效、高质量发展等。深远海围栏养殖是一种半密集型养殖模式，符合水产养殖绿色发展战略，有利于实现"我国水产业2020年进入创新国家行列，2030年后建成现代化水产养殖强国"的目标。

由于深远海围栏养殖业初始投资巨大，运营成本远高于传统养殖模式，所以，近期传统海水围栏（中小型港湾养殖网栏、近海中小型养殖围栏等）并不能被深远海围栏完全替代，形式多样的围栏养殖模式将长期存在。为此，在重视发展深远海围栏养殖的同时，要兼顾传统海水围栏养殖业的研究、发展或转型升级。在传统海水围栏养殖业发展方面，建议侧重于：①加强贝藻鱼综合养殖新模式的开发，提高传统海水围栏项目的整体效益；②重视高性能网具材料与防污网衣新材料研发，以逐步解决中小型传统海水围栏养殖水体交换困难及其设施容易被台风破坏等难点问题，实现传统海水围栏网具材料技术升级；③重视传统海水围栏养殖环境水质调控，逐步解决现有传统海水围栏养殖环境较差的问题，提高传统海水围栏养成鱼类品质；④加强传统海水围栏养殖配套装备的转型升级，开展机械化或智能化配套装备（水体交换机、增氧机、水质监控设备等）的研发与产业应用，降低工人劳动强度、提高工作效率；⑤培育新型围栏养殖品种，提升养殖模式优势，增加围栏养殖综合效益等。

二、我国深远海围栏产业概况

1. HDPE 框架组合式网衣网围概况

深远海围栏是一种新型养殖设施，目前主要分布于浙江、福建、山东等沿海水域，用于大黄鱼、石斑鱼、黑鲷、斑石鲷等鱼类养殖。近年来，在国家省市政府部门、民营企业和社会团体等的大力支持下，东海所石建高研究员课题组等围绕大型围栏设施工程开展了研究与示范工作，积累了宝贵的实践理论与技术。作为一种新型养殖模式，深远海围栏目前还存在研发投入严重不足、智能养殖设施缺失、大水面鱼类起捕困难以及国家行业标准缺失等一系列问题，需要各级管理部门加大支持力度。

自 2007 年以来，在"防污功能材料的开发与应用""新型铜合金网衣网围研发与应用示范"等多个科技项目的支持下，东海所石建高研究员课题组联合相关单位开展了 HDPE 框架组合式网衣网围的研发与应用。HDPE 框架组合式网衣网围设施建设地点位于黄渤海（2010 年完成海上安装工作），其规格为 40 m（周长）×17 m（高度）、最大养殖水体约 2 000 m³（图 2-1）。在 HDPE 框架组合式网衣网围设计建造过程中，石建高研究员课题组率先设计开发出"HDPE 框架系统 + 组合式网衣系统 + 特种锚泊系统"特种结构，并首次将铜合金网衣创新应用于我国网围设施（通过 HDPE 框架组合式网衣网围项目实施，我国于 2010 年 7 月首次实现了铜合金网衣在网围设施上的创新应用）。HDPE 框架组合式网衣网围适合我国海水养殖绿色发展战略，具有网衣防污等优点；此外，该养殖设施是我国首型 HDPE 框架无网底组合式网衣养殖围网，对推动我国水产养殖技术升级具有重要意义。

图 2-1   HDPE 框架组合式网衣网围及其网具装配实景

2. 大型浮绳式养殖围网概况

大型浮绳式养殖围网是一种经济型养殖围网。现以浙江建造的大型浮绳式养殖围网为例做简要介绍。自 2001 年至今，在"渔用绳网新材料的研发与产业化应用示范""浅海养殖围网设施及生态养殖技术研发与产业化应用"等项目的支持下，浙江碧海仙山海产品开发有限公司等单位联合开展了大型浮绳式养殖围网的研发与产业化应用，围网项目建设地点位于浙江；围网周长约 300 m、网高 15~20 m、最大养殖水体 3×10^4 m³，整个围网设施由柔性框架系统、网衣系统、锚泊系统和防逃系统等部分组成。柔性框架系统采用"方形浮球 + 高强浮绳框"特种结构。网衣系统中的主体网衣采用超高分子量聚乙烯（UHMWPE）网衣。围网主要用来养殖高品质大黄鱼、石斑鱼、贝藻类（如羊栖菜和海带等）等。该项目 2016 年获浙江省科技进步奖（项目第二完成人：东海所石建高研究员），项目相关情况被中央电视台等媒体报道（图 2-2）。

图 2-2   大型浮绳式养殖围网设施

与传统养殖围网相比，大型浮绳式养殖围网围绕材料及装备、生态养殖等关键核心技术进行创新、开发和产业化推广，主要创新技术和应用包括：①综合采用数值模拟、模型试验、海上实测等方法，开展了养殖围网水动力学特性基础研究，建立了养殖围网设施工程结构安全评估技术；②攻克了网衣防纠缠、柔性框架抗风浪、贴底防逃、桩网连接等装备技术难题，形成完整的围网生产技术；③创新研发或应用多种高性能和功能性网具新材料，构建了养殖围网设施专用材料新技术；④研发了围网材料修补与测试方法，发明了围网起捕装备，首创围网网衣裂缝破损实时声学监测系统，研制智能化养殖围网水文监控系统等技术，实现围网养殖高效捕捞与智能化管理；⑤建立了养殖海区选址科学方法与养殖容量评估模型，开展了围网大黄鱼等养殖技术研究，建立"围网藻 – 鱼 – 贝立体化生态养殖"模式等。大型浮绳式养殖围网项目建成后已经历多个台风的考验，台风下养殖围网设施完好无损，这充分说明围网设施整体技术可靠。大型浮绳式养殖围网为一种新型养殖设施，其主要特征为：①整个围网设施由柔性浮绳框架系统、网衣系统、锚泊系统和防逃系统组成；②围网设施主要缺点是高海况下网形变化较大；③网衣系统中的主体网衣一般采用 UHMWPE 网衣等高性能网衣；④养殖区域水深小于 30 m，养殖水体大于 2×10^4 m^3，养殖对象主要为大黄鱼等高价值经济鱼类；⑤框架系统采用"浮体 + 浮绳框"柔性结构；⑥围网设施具有抗台风能力，其养殖鱼类成活率与价格较高，单位水体与管理成本较低，综合效益显著等。大型浮绳式养殖围网设施养殖的大黄鱼质量好，大大推动了我国东海区高品质大黄鱼养殖的技术升级。

3. 双圆周管桩式大型围栏概况

文献资料表明，石建高研究员与茅兆正为台州市恒胜水产养殖专业合作社公司（以下简称"恒胜水产公司"）设计开发的双圆周管桩式大型围栏设施在国际上属于首创。现以相关项目为例（图 2-3）进一步说明如下。

2013—2014 年间，在"水产养殖大型围栏工程设计"科技项目的支持下，东海所石建高研究员联合恒胜水产公司、山东爱地高分子材料有限公司等单位开展了双圆周管桩式大型围栏的研发，围

图 2-3 双圆周管桩式大型围栏设施

栏建设地点位于浙江台州大陈岛海域，围栏主要设计人为石建高与茅兆正；围栏外圈周长约 386 m，养殖面积约 11 500 m^2，最大养殖水体约 1.2×10^5 m^3；围栏由内外两圈组成，外圈由圆形管桩与超高强特力夫网衣组成，内圈由圆形管桩与组合式网衣组成（组合式网衣上部采用特力夫网衣，下部采用铜合金网衣）；内外两圈的柱体顶端之间以金属框架结构相连，作为观光平台和工作通道/游步道；围栏主要用来养殖高品质大黄鱼，项目相关情况被中国水产养殖网等多家媒体报道。

与传统海水围栏相比，在双圆周管桩式大型围栏项目建设中，东海所石建高研究员等将新材料技术、金属网衣防污技术、网具优化设计技术、围栏底部防逃逸技术、围栏桩网连接技术等创新应用于围栏设施工程，首次创新设计出双圆周管桩式大型围栏，用来养殖生态大黄鱼等鱼类，该项目形成"一种大型复合网围"等重要发明专利多项。石建高研究员联合恒胜水产公司研发并成功应用的双圆周管桩式大型围栏被一些水产养殖专业人员誉为我国深远海围栏养殖业的"里程碑"，引领了我国大型围栏养殖业的发展浪潮。

双圆周管桩式大型围栏建成至今已经历"凤凰"等多个台风的考验，具有抗台风能力强、养殖鱼类成活率高、养成鱼类价格高、网衣防污功能好、养殖管理成本低等优点，综合效益显著；其主要缺点是项目一次性投资成本高等。

双圆周管桩式大型围栏主要特征为：①围栏框架系统采用"管桩＋观光平台和工作通道／游步道＋工作平台"刚性结构；②整个围栏设施由刚性围栏框架系统、组合式网衣系统和特种防逃系统等部分组成；③网衣系统中的主体网衣采用特种超高强网衣或组合式网衣；④围栏由内、外两圈组成；外圈和内圈均由管桩与网衣组成；内、外两圈的柱体顶端之间以金属框架结构相连，作为"观光平台和工作通道／游步道＋工作平台"；⑤围栏区域水深小于 30 m、养殖水体大于 1×10^5 m³，养殖对象主要为大黄鱼、赤点石斑鱼等高价值经济鱼类；⑥围栏具有抗台风能力强、网形变化小、养殖鱼类成活率高、养成鱼类价格高、单位水体成本低以及管理成本低、休闲观光便利等优点，综合效益明显；⑦围栏主要缺点是项目建造初期的一次性总成本高、设施不可移动等。

4. 超大型双圆周大跨距管桩式围栏概况

文献资料表明，石建高研究员与陈永国等为温州丰和海洋开发有限公司（以下简称"温州丰和公司"）设计开发的超大型双圆周大跨距管桩式围栏模式在国际上属于首创。超大型双圆周大跨距管桩式围栏主要特征类似于上述双圆周管桩式大型围栏，但它的内、外圈之间的跨距不小于 9.8 m。现以浙江温州建造的超大型双圆周大跨距管桩式围栏为例，进一步说明如下。

超大型双圆周大跨距管桩式围栏设计始于 2013 年，2015 年 10 月完成围栏结构整体设计，随后温州丰和公司联合东海所石建高研究员课题组组织完成了围栏的施工建设。建成后的超大型双圆周大跨距管桩式围栏外圈周长 498 m，内圈周长 438 m，养殖面积约 2×10^4 m²，最大养殖水体约 3×10^5 m³。超大型双圆周大跨距管桩式围栏由内、外两圈组成，内、外两圈之间的跨距高达 10 m（为目前世界上内、外两圈之间跨距最大的双圆周管桩式围栏）；内、外两圈均由水泥管桩与 UHMWPE 网衣组成；内、外两圈水泥管桩上部之间采用钢管进行加强连接，水泥管桩的顶端之间由金属框架结构相连，作为观光平台和工作通道/游步道。超大型双圆周大跨距管桩式围栏观光平台和工作通道/游步道上铺设特种玻璃钢格栅，项目首次实现特种玻璃钢格栅在（超）大型围栏上的创新应用。2016年6月，超大型双圆周大跨距管桩式围栏内投放大黄鱼，并同步开展了仿生态深水养殖大黄鱼试验示范，养殖测试非常成功。期间，超大型双圆周大跨距管桩式围栏主要用来养殖高品质大黄鱼等经济鱼类，相关情况被中央电视台等多家媒体报道（图2-4）。

图2-4　超大型双圆周大跨距管桩式围栏设施

在超大型双圆周大跨距管桩式围栏项目的规划设计、工程建设与组织实施中，东海所石建高研究员与温州丰和公司陈永国总经理将网具优化设计技术、围栏底部防逃逸技术、围栏桩网连接技术、特种UHMWPE网具技术、玻璃钢新材料技术、藻类水质调控技术等创新应用于围栏设施工程，使双圆周大跨距管桩式围栏建成后经历了"泰利"等多个台风的考验，具有养殖鱼类成活率高、养成鱼类价格高、养殖管理成本低等优点，综合效益显著；其主要缺点是网衣维护成本较高。

2019年3月，钓鱼台食品特色标准基地授牌仪式暨乡村振兴之大黄鱼发展论坛在瑞安市举行。温州丰和公司联合北京钓鱼台食品生物科技有限公司（以下简称"钓鱼台食品公司"）合作开发的"钓鱼台食品特色标准——北麂岛大黄鱼养殖加工标准"正式发布。目前，该标准已在国家有关部门备案，旨在引领北麂岛大黄鱼养殖产业总量上规模、结构上档次、质量上水平，打造最接近野生状态的基地战略目标，助力北麂大黄鱼走出瑞安，并享誉全国、走向世界。

在钓鱼台食品特色标准基地授牌仪式暨乡村振兴之大黄鱼发展论坛上，北麂岛原生态大黄鱼散养基地被授予"钓鱼台食品特色标准基地"称号。为感谢石建高研究员为我国深远海养殖围栏产业作出的杰出贡献，大会授予石建高研究员"深远海超大型生态围栏科技杰出贡献奖"。

与台州大陈岛建造的双圆周管桩式大型围栏相比，2016年完工的超大型双圆周大跨距管桩式围栏的技术更进一步，围栏成果成熟度大大提高，再次表明我国深远海围栏发展已进入新时代。

5. 超大型牧场化栅栏式堤坝围栏概况

超大型牧场化栅栏式堤坝围栏模式在国际上属于首创（图 2-5）。现以浙江温州建造的白龙屿超大型牧场化栅栏式堤坝围栏为例，进一步说明如下。

图 2-5　超大型牧场化栅栏式堤坝围栏

白龙屿超大型牧场化栅栏式堤坝围栏设施主要利用管桩、网具等建设围栏，以形成两边通透的生态海洋牧场养殖海区；堤坝两侧敷设外网和内网，堤坝顶端作为观光平台和工作通道 / 游步道；围栏主要用来养殖高品质大黄鱼、石斑鱼等优质海产品。超大型牧场化栅栏式堤坝围栏是我国现代渔业结构调整及发展壮大的综合性工程，具有鱼类活动空间大、抗台风能力强、养殖鱼类成活率高、养成鱼类价格高以及养殖管理成本低等优点。

2013—2017 年，在"白龙屿生态海洋牧场项目堤坝网具工程设计合作协议""白龙屿栅栏式堤坝围网用高性能绳网技术开发"等项目的支持下，浙江东一海洋集团有限公司联合东海所石建高研究员等开展了超大型牧场化栅栏式堤坝围栏的研发，项目建设地点位于浙江温州，围栏网具设计负责人为东海所石建高研究员。超大型牧场化栅栏式堤坝围栏面积 650 亩、水体近 4×10^6 m³，它为目前世界上最大的大黄鱼养殖用超大型牧场化栅栏式堤坝围栏。2013 年，超大型牧场化栅栏式堤坝围栏项目被列入浙江省重点建设项目，于 2019 年全部建成。该项目的建成与产业化应用，具有很好的生态和示范等综合效益，引领我国围栏发展进入新的时代，对产业的推动作用十分显著。

超大型牧场化栅栏式堤坝围栏的特征为：①整个堤坝围栏区由"两个栅栏式堤坝 + 两侧山体"组成；②整个堤坝围栏设施由栅栏式堤坝系统、网衣系统和防逃系统等部分组成；③栅栏式堤坝系统由钢筋混凝土等材料建造而成，堤坝采用栅栏式透水结构形式，堤坝两侧敷设外网和内网，堤坝顶端作为工作通道 / 游步道、观光平台 / 工作平台；④堤坝围栏网衣系统中的主体网衣一般采用超高强网衣或组合式网衣；⑤堤坝围栏养殖区域水深小于 30 m、养殖水体大于 1×10^5 m³，养殖对象主要为大黄鱼、石斑鱼等高价值经济鱼类；⑥堤坝围栏具有抗台风能力强、网形变化小、养殖鱼类成活率高、养成鱼类价格高、单位水体成本与养殖管理成本低等优点，综合效益明显；⑦堤坝围栏的主要缺点是项目建造成本高、围栏设施不可移动、养成鱼类精准起捕困难等。

6. 管桩式围栏概况

管桩式围栏的主要特征类似于双圆周管桩式大型围栏。现以浙江台州建造的管桩式围栏为例，进一步说明如下（图2-6）。

图2-6　管桩式围栏设施

自2015年至今，在科技合作项目"渔业工程装备的研发与应用示范"等项目的支撑下，台州广源渔业有限公司联合东海所石建高研究员课题组等设计、建造了面积110亩的管桩式围栏，成功实现产业化养殖应用。管桩式围栏项目整体规划面积（全部建成后的养殖面积）277.5亩。该围栏采用"管桩＋组合式网衣"结构。项目成果技术安全可靠、抗风浪能力强、养殖鱼类品质高、经济效益好，养殖鱼类"大陈一品"入选《舌尖上的中国》美食节目。

在管桩式围栏项目实施过程中，江苏金枪网业有限公司、惠州市益晨网业科技有限公司、宁波百厚网具制造有限公司等单位为围栏项目提供了超高强网具材料或半刚性聚酯网衣材料。2020年，台州广源渔业有限公司在部分管桩式围栏区域试用半刚性聚酯网衣材料，其最终效果可为围栏养殖网衣的筛选提供参考。石建高研究员课题组、江苏金枪网业有限公司、惠州市益晨网业科技有限公司、宁波百厚网具制造有限公司等单位为管桩式围栏项目提供了网具筛选、绳网测试或渔网具安装技术支持。截至目前，管桩式围栏设施已经历多个台风的考验，它具有抗台风能力强、养殖鱼类成活率高、养成鱼类价格高、养殖管理成本低等优点，综合效益显著；其主要缺点是高温季节时管桩式围栏网衣维护成本较高、项目初始投资高且相关设施不可移动等。

7. 大型智能化围栏概况

大型智能化围栏类似于台州大陈岛的双圆周管桩式大型围栏模式。现以莱州明波水产有限公司建造的大型智能化围栏为例，进一步说明如下（图2-7）。

图2-7　大型智能化围栏设施及其相关网具

在大型智能化围栏项目实施初期，莱州明波水产有限公司翟介明总经理团队与东海所石建高研究员课题组多次调研并商讨大型智能化围栏建设方案；在项目实施过程中，东海所石建高研究员课题组为惠州市艺高网业有限公司、宣汉县德信水下作业有限公司提供了网具材料筛选、网具材料测试、网具优化设计技术、网具装配技术、围栏水下防逃技术等综合技术支持。大型智能化围栏由莱州明波水产有限公司自行承建，其周长408 m，配套大型气动投喂装备与活鱼转运装备等养殖装备、配置物联网智能化管理系统，项目实现装备化、智能化的立体生态养殖模式。大型智能化围栏拥有2个大型多功能平台、6个小型平台，可开展海上观光、休闲垂钓、餐饮娱乐、渔业科普等功能的休闲渔业，有利于传统渔业的转型升级、提质增效。惠州市艺高网业有限公司、宣汉县德信水下作业有限公司为该项目提供了超高强网具材料，并负责围栏制作、水下安装等工作；东海所石建高研究员课题组负责围栏用网具材料的检测工作。截至目前，大型智能化围栏设施已经历多个恶劣天气的考验，具有抗风浪能力强、养殖鱼类成活率高、养成鱼类价格高、养殖管理成本低等优点，综合效益显著。针对黄渤海区的特殊海况，目前莱州明波水产有限公司正在测试半刚性聚酯网衣的使用效果，值得期待。

8. 零投喂牧场化大黄鱼围栏概况

自 2018 年至今，在科技合作项目"渔业装备与工程技术开发服务项目"的支撑下，东海所石建高课题组联合玉环市中鹿岛海洋牧场科技发展有限公司（简称"中鹿岛公司"）等单位创新设计、建造了零投喂牧场化大黄鱼围栏，成功实现产业化养殖应用（图 2-8）。零投喂牧场化大黄鱼围栏设施由中鹿岛公司建造，公司规划的中鹿岛现代海洋渔业产业园面积为 2 800 亩。零投喂牧场化大黄鱼围栏设施项目对鱼类养殖采用零投喂牧场化养殖模式——成鱼投入围栏设施后即实行零投喂生态养殖，让大黄鱼觅食自然水域中的天然饵料（如小虾、小杂鱼等）。零投喂牧场化大黄鱼围栏创新特种网具及网具材料，综合应用消浪减流、绿色养殖等渔业新技术，技术成果安全可靠、抗风浪能力强、养殖鱼类品质高。该项目为我国优质水产蛋白质的供给和粮食安全作出了贡献。

图 2-8　零投喂牧场化大黄鱼围栏实景、产业园规划图及其新型养殖网具

零投喂牧场化大黄鱼围栏项目整体养殖技术先进，在选购优良苗种的同时，综合应用了多种绿色养殖技术，具有如下特点：①大黄鱼养殖周期长；②实行零投喂生态养殖；③围栏设施以海床为底，大黄鱼可贴底生活或栖息于砂泥底质水域的中下层，生长环境类似于天然水域；④低密度养殖，养殖密度远远低于养殖网箱；⑤养殖水体超大（项目养殖水体为周长 40 m HDPE 框架深水网箱的几百倍）；⑥项目建设地点位于远海无人岛礁周边水域，养殖水质好等。文献资料表明，石建高研究员等为玉环市中鹿岛海洋牧场科技发展有限公司设计开发的零投喂牧场化大黄鱼围栏模式在国际上属于首创。"优良苗种+零投喂生态养殖+超大型养殖水体+海区长时间生态养殖"等先进养殖技术的综合应用有望养殖出高品质大黄鱼。为此，公司还与SGS（瑞士通用公证行）集团合作，以进一步验证产品质量。针对养殖区台风多发、风大流急等特殊海况，目前中鹿岛公司正联合衡水华荣化工有限公司、宣汉县德信水下作业有限公司等单位在部分围栏养殖区域应用半刚性聚酯网衣，以测试其抗风浪流效果，值得期待。在上述超高分子量聚乙烯网衣与半刚性聚酯网衣推广应用中，东海所为半刚性聚酯网衣性能的精准测试与水下装配等提供了技术支持。

9. 悬山海洋牧场围栏概况

悬山海洋牧场围栏设施由舟山市悬山海洋牧场有限公司（以下简称"悬山海洋牧场公司"）投资建造，养殖面积为1 800亩（图2-9）。自2018年至今，在科技合作项目"海洋牧场设施与工程技术开发服务项目"支撑下，悬山海洋牧场公司等单位设计建造了悬山海洋牧场围栏。

图2-9　悬山海洋牧场围栏及其网具施工场景

悬山海洋牧场围栏整体养殖技术先进，项目在选购优良苗种的同时，综合应用了多种绿色养殖技术，具有如下特点：①低密度养殖，养殖密度大大低于养殖网箱；②"围栏+网箱"综合养殖模式，实现多规格、多品种鱼类的养殖；③养殖设施以海床为底，大黄鱼可贴底生活或栖息于砂泥底质水域的中下层，生长环境类似于天然水域；④养殖水体超大（项目养殖面积高达1 800亩，为目前世界上单体养殖面积最大的柱桩式管桩围栏），鱼类活动空间大；⑤养殖区域中拥有天然暗礁，利于鱼类自然成长发育；⑥项目建设地点位于远海水域，养殖水质好等。"优良苗种+天然暗礁环境+超大型养殖水体+浙江海区长时间绿色养殖"等先进养殖技术的综合应用将养成高品质大黄鱼，项目的产业前景非常广阔。

10. 软体结构超大型无底智能海洋渔场概况

软体结构超大型无底智能海洋渔场（以下简称"软体智能海洋渔场"）单体投资 2 000 万元，由温州黄鱼岛海洋渔业集团投资建设，目前它已申请多项专利（图 2-10）。软体智能海洋渔场的原理类似上文描述的 HDPE 框架组合式网衣网围，但其养殖水体更大。软体智能海洋渔场周长 384 m，直径 122 m，单口包围水体 11×10^4 m^3，采用末端养殖模式，低密度年野化东海大黄鱼 10×10^4 kg（预估养成鱼类市值为 3 000 万元）。软体智能海洋渔场采用高海况自适应设计，大大提升了高海况生存能力；使用了改良 HDPE 材料，大幅度增强了材料的抗疲劳、抗屈服能力；采用高精度叉合式多点锚泊系统，任何风浪流方向都可得到高均衡受力。软体智能海洋渔场配备了物联网技术，实现视频监控，对养殖环境的溶解氧、pH、氨氮、水温、水流、生物生长场景以及鱼类觅食情况实现在线监测，配备了智能清淤系统及智能自动投喂系统装备，可实现无人值守（正常情况下，5~7 天人工巡查 1 次）。软体智能海洋渔场安置在鹿西岛东南侧，距大陆沿岸线 25 km 处，这里自古就是大黄鱼的栖息地，面向东海、风高浪急，是野化大黄鱼的最佳海域。该项目将进入鱼类养殖测试验证阶段，其产业前景值得期待。

图 2-10　软体智能海洋渔场出海锚泊场景

软体智能海洋渔场在智能化、大型化、离岸化等方面有很多技术创新，其养殖模式技术难点主要是软体智能海洋渔场整体系统的安全设计，特别是基于东海区高海况下软体智能海洋渔场整体系统的安全设计。该养殖模式如果能在强台风下试验成功且完全技术成熟，则可在我国水产养殖领域推广应用。需要说明的是，有一部分企业家或学者将软体智能海洋渔场归类在网箱领域，也有一部分企业家或学者将其归类在围栏或养殖围网领域，其理由是软体智能海洋渔场符合行业标准中给出的"围栏"定义。浮式 HDPE 框架网箱和 HDPE 框架围栏的主要差异在于：①浮式 HDPE 框架网箱装配底网，而 HDPE 框架围栏一般不装配底网；②浮式 HDPE 框架网箱箱体用网具材料性能要求低于 HDPE 框架围栏；③我国浮式 HDPE 框架网箱养殖水体一般不超过 1×10^4 m³，而新建的 HDPE 框架围栏养殖水体一般超过 2×10^4 m³，鱼类养殖密度较小（属于半密集型养殖模式）、养成鱼类品质接近野生鱼类；④相比浮式 HDPE 框架网箱，HDPE 框架围栏水体大且更多地利用天然饵料，因此，围栏的单位水体养殖成本相对较低等。

11. 其他离岸养殖围栏

我国大中型海水离岸养殖围栏的预研究及应用约起步于 2000 年。海水离岸养殖围栏的网具防磨技术、底部防逃逸技术、桩网连接技术、网具优化设计技术（大型养殖网具模块化设计技术）、纤维新材料技术（UHMWPE 纤维新材料技术、半刚性聚酯单丝新材料技术等）、网衣防污技术（半刚性聚酯网衣技术、金属网衣技术等）等综合技术的研发与应用，使围栏设施的大型化、离岸化、现代化和智能化等成为可能。民间资本的投入、政府资金的投入、科研院所高校的创新研究等推动着我国海水围栏养殖业的快速发展。目前，形式多样的离岸养殖围栏项目已在台州、温州、舟山、莱州和湛江等地实施或规划（图 2-1 至图 2-11）。

图 2-11 我国设计开发的其他养殖围栏

海水养殖围栏 / 围网种类繁多，主要包括港湾养殖网栏、深远海围栏、浮绳式围网、插杆式大黄鱼围栏和 HDPE 框架组合式网衣网围等。自 2013 年以来，宁德市鸿祥水产有限公司科技人员在福建沿海开展了插杆式大黄鱼围栏研发实验。在近岸或岛屿周围的开阔、平坦海域，以 12 m 长毛竹竿或玻璃钢管插入海底 1.5~2 m，相邻毛竹竿或玻璃钢管间距控制在 1.5~2 m，再以绳索捆绑固定，构建一个高约 10 m、面积约 3 000 m² 的插杆式大黄鱼围栏。结果表明，插杆式大黄鱼围栏具有鱼类成活率高、养成鱼类价格高、绿色环保以及（饲料和管理）成本低等优点，综合效益显著；其主要缺点是抗台风能力较差，主要在内湾使用。2020—2021 年，浙江海洋大学在黄兴岛 13~15 m 水域开展了规格为 350 m（周长）× 19 m（高度）的浮绳式围网的设计与建造，目前已完成围网设施的现场验收，为后续大黄鱼的野化试验提供了科技支撑。

三、我国传统海水围栏的产业概况

传统海水围栏主要包括港湾养殖网栏与滩涂养殖网栏，现将相关发展概况简介如下。

1. 港湾养殖网栏的产业概况

港湾养殖网栏不同于海水养殖围栏，是利用开放水域用网围拦出一定水面养殖水生经济动植物。它是在港、湾以及海边河口等地利用网栏等围出一片养殖区进行养殖。由于港湾以及河口处潮汐作用明显，风浪流较滩涂更大，所以港湾养殖网栏的技术难度比一般滩涂养殖围栏大很多，国内产业化的港湾养殖网栏并不多见。港湾养殖网栏目前主要分布于我国山东、浙江、福建等沿海地区，既可用于鱼类的养殖，又可进行鱼贝藻混养等。港湾养殖网栏模式存在水流不通畅、养殖区风浪较大、岸基连接施工困难等问题，急需进行技术攻关与转型升级，提升渔用适配性与经济性，助推港湾养殖网栏产业的高质量发展。

2. 滩涂养殖网栏的产业概况

海洋滩涂系指大潮时，高潮线以下、低潮线以上的，亦海亦陆的特殊地带。按国际湿地公约的定义，滨海湿地的下限为海平面以下 6 m 处，上限为大潮线之上与内河流域相连的淡水或半咸水湖沼以及海水上溯未能抵达的入海河的河段。滩涂不仅是一种重要的土地资源和空间资源，而且本身也蕴藏着各种矿产、生物及其他海洋资源。我国海洋滩涂总面积高达 2.17×10^6 hm²，是开发海洋、发展海洋产业的一笔宝贵财富。滩涂资源用途很广，主要用于发展滩涂水产养殖业等，海洋滩涂是传统海水围栏养殖的重要场所之一。我国某些滩涂的海洋生物资源丰富，相关海洋环境适合养殖，但一直处于未开发状态。在未开发的滩涂中进行围栏养殖是一种滩涂资源开发的优化选择。在低坝高围式滩涂养殖网栏（以下简称"滩涂网栏"）中，低坝可以维持一定的塘水深度，在潮位不高时保证正常养殖的水量；高围栏可以保证在高潮位时的泄洪需要。滩涂网栏一般分为直接围栏和滩涂网栏两种形式。直接围栏面积较小，而滩涂网栏面积较大。滩涂网栏目前分布于我国山东、江苏、浙江、福建等沿海地区，主要用于鱼类、贝类、藻类、甲壳类、海参、海蜇等水生生物的增养殖。滩涂网栏模式一般无法实现全天候水体交换，且水深和养殖水体受潮汐的影响较大，可采用辅助装备（如水泵等装备）对养殖水体交换进行调控，确保养殖生物安全。

滩涂网栏的缺点具体表现在：①滩涂地域容易遭受台风袭击或赤潮侵害，目前网栏用普通网具材料难以抵挡强台风的袭击，安全隐患长期存在；②贝类与藻类等污损生物易在养殖网栏网衣上附着，严重影响了养殖网栏内、外水体的正常交换，开展网具防污技术研究非常重要；③养殖残饵以及周边污水等容易污染养殖区域，导致养殖区域海水富营养化，影响养殖鱼类安全与养成鱼类品质等。滩涂网栏的优点主要表现在：①残饵、鱼类粪便等残留物会被浪流带走；②涨、落潮时会将近海的小杂鱼等天然饵料冲进养殖区域，可以减少人工饵料的投放，节约养殖成本；③围栏养殖鱼类活动空间较大，养成鱼类品质较好等。滩涂网栏的选址技术性很强，其选址要满足以下要求：①保证交通运输畅通，以节省交通与运输成本；②建造地点应该远离航道和锚地；③养殖区周边应无工厂等排污口；④在坑塘水系选点，此外，应该进行人工改造或配套水泵等设备，以保证在枯水期可以蓄水，确保养殖安全；⑤选取生物饵料充足的地点，例如选取贝类以及小杂鱼类等生物饵料丰富的水域，以降低养殖成本、提高综合效益等。低坝高围栏养殖的养殖池主要由堤坝与池内沟渠、闸门和溢水道等组成。养殖池的堤坝主要用于退潮以后，防止潮水退尽，保持养殖池内一定的水位以及在退潮之后有用于池中养殖管理的通道。养殖池的堤坝安全在滩涂网栏养殖中非常重要，养殖企业务必重视。

四、我国海水围栏技术进展

通过广大围栏设施管理人员、科研人员、养殖企业、养殖工人等的不懈努力，我国海水围栏在专利、网具材料、选址技术等研发技术方面取得了重要进展。

1. 海水围栏研究专利技术的进展

随着海水围栏养殖业的发展，我国形式多样的养殖围栏不断涌现，中国水产科学研究院以及涉海高校等单位 / 个人申请或授权了近 1 700 项与海水围栏相关的专利。下面仅以中国水产科学研究院以及浙江海洋大学申请或授权的部分养殖围栏相关专利为例，进行简单介绍。中国水产科学研究院有关养殖围栏的相关专利由石建高研究员等及其合作单位申请。东海所石建高等及其合作单位对养殖围栏的研究主要集中在围栏装配工艺、网衣材料、柱桩系统、网衣修补方法、防逃系统、机械化或智能化装配等多个方面，申请或授权相关专利近 60 项，引领了我国养殖围栏的技术升级。浙江海洋大学关于养殖围栏的专利主要涉及监控装置、捕捞装置、连岸技术和网衣防纠缠方法等多个方面，申请或授权专利20多项，专利成果具有一定的学术价值与指导意义。现代渔业科技的进步，推动着海水围栏养殖业的健康发展，申请专利出现了大量创新词（图2-12），这充分说明围栏养殖技术创新十足，其产业化前景广阔。

图 2-12　我国养殖围栏专利申请创新词云图

2. 海水围栏网具材料的研究进展

海水围栏网具材料主要分为高性能网具材料和功能性网具材料两大类。在功能性网具材料出现之前，海水围栏设施中主要应用普通合成纤维网具材料（如 PA 绳网、PE 绳网、PET 纤维绳网等）。在海水围栏等养殖设施使用过程中，网具上会附着大量污损生物（如藤壶、藻类、贻贝、牡蛎等），这进一步影响海水围栏内、外的水体交换，并给养殖户 / 养殖企业造成损失。现有普通合成纤维网具材料无法满足海水围栏等养殖设施的防污性能要求，已成为我国海水围栏养殖业发展的技术瓶颈问题。网衣防污涂料、锌铝合金网衣、铜合金网衣等功能性防污材料的研发与应用，有望逐步解决海水围栏等养殖设施的防污问题。东海所石建高研究员课题组等对渔网防污剂、功能性防污网具材料进行了系统研究，开发或应用了多种新型功能性防污材料，并在网箱、扇贝笼、围栏等养殖设施上推广应用。相关研究结果表明：通过采用功能性防污材料，可改善或有效提高海水围栏设施的防污性能。但基于不同养殖海区污损生物的多样性，海水围栏设施防污问题的解决仍任重道远。

针对海水围栏网具系统的抗风浪问题，近年来人们创新开发或应用了高性能网具材料。以往使用的普通合成纤维网具材料安全性相对较差，在遭受台风袭击时，经常发生纲断网破等养殖事故，无法满足海水围栏设施的抗风浪流要求。UHMWPE纤维等高性能纤维的发明及其产业化生产应用，使海水围栏网具材料的高性能化成为可能。20 世纪 90 年代以来，东海所石建高等率先对 UHMWPE 绳网、改性 PP 纤维绳网等网具新材料进行系统研究，联合山东爱地高分子材料有限公司、深圳千禧龙科技开发有限公司、惠州市艺高网业有限公司等单位开发出多种新型网具材料，并在网箱、海水围栏等领域实现产业化应用，出版《绳网技术学》《渔业装备与工程用合成纤维绳索》《深远海网箱养殖技术》《深远海生态围栏养殖技术》《渔业装备与工程用网线技术》等网具技术理论专著，推动了我国网具技术升级，缩短了我国网具材料与国外之间的距离。由于特种 UHMWPE 绳网材料、半刚性聚酯网衣材料等综合性能优越，目前它们已经成为我国深远海养殖领域（如深远海围栏、深远海养殖网箱等）的重要网具材料。特种 UHMWPE 绳网材料、半刚性聚酯网衣材料等新型网具材料的示范应用结果表明：采用新型网具材料的水产增养殖设施的安全性、适配性和抗风浪流性能等大幅度提高，同等绳网强度条件下，水产增养殖设施用网具原材料消耗大幅度减少，助力渔业早日实现碳达峰、碳中和。在海水围栏网具系统中，特种 UHMWPE 绳网材料、半刚性聚酯网衣材料等新型网具材料性价比高，新型网具及其网具材料综合优势明显，应用前景非常广阔，今后应更多地关心、支持、积极研发与应用新型网具及网具材料，推动海水围栏养殖业高质量发展。

随着海水围栏养殖业的发展，针对我国形式多样的围栏材料，中国水产科学研究院以及涉海高校等单位/个人申请或授权了 400 多项与围栏材料相关的专利。下面仅以东海所申请或授权的部分围栏材料相关专利为例，进行简单介绍。东海所有关围栏材料的相关专利由石建高研究员等及其合作单位申请。东海所石建高等及其合作单位对围栏材料的研究主要集中在金属网衣、装配方法、绳网材料等多个方面，申请或授权相关专利近 40 项，引领了我国围栏材料的技术升级。材料技术的进步，推动着围栏材料的技术升级，申请专利出现了"超高分子量""纳米气泡"和"消旋体"等大量创新词（图 2-13），这充分说明围栏材料技术创新十足，其产业化前景广阔。

图 2-13 我国海水围栏网具材料专利申请创新词云图

3. 围栏选址技术等其他技术的研究进展

除了上述养殖围栏网具材料研究，我国院所校企等对围栏选址、大潮差下围栏防纠缠技术、围栏敷设技术以及围栏水动力学等综合技术进行了相关研究，申请或授权相关专利约 300 项，涉及内容包括品质控制、环境监测、平台技术等。东海所石建高研究员开展了养殖围栏选址技术研究，李怡等开展了大潮差下养殖围栏防纠缠技术试验研究。研究结果表明，养殖围栏网衣堆积高度越大，堆积系数越小，网衣能够在更多层面堆积，发生纠缠的可能性越小等。

第三节　半潜式养殖装备与牧场化围栏等养殖设施网衣本征防污技术研究

近年来，半潜式养殖装备、牧场化围栏、网箱等深远海养殖装备设施在我国得到了迅速发展，但目前仍存在网衣防污、网破鱼逃等诸多技术难题亟待解决，这严重制约着深远海养殖业的健康发展。网衣防污技术很多，但网衣本征防污技术更适合我国高海况的特点，开展相关技术研究非常重要和必要。本节系统介绍半潜式养殖装备与牧场化围栏等养殖设施网衣本征防污技术研究成果。

一、海水养殖设施网衣防污技术的研究进展

1. 网衣本征防污技术研究概况

我国近海有 614 种污损生物（网箱网衣上常见的污损生物有藻类、藤壶、海鞘和双壳类等。据文献记载，海洋中大约有 4 000 种污损生物）。普通网箱网衣具有无毒、孔隙多、表面积大等特点，适合污损生物附着；同时，网箱养殖水体富含营养盐与养殖废物，这为污损生物提供了充足的营养，有利于污损生物生长。网衣因为长时间处于水下，与水环境直接接触，很容易附着水中污损生物。当污损生物大量繁衍后，如不及时清除，会对网箱养殖生产造成很大的危害。网衣防污技术直接关系到网箱养殖的成败，网箱养殖业急需科学、合理和可行的防污技术理论指导，防污技术因此应运而生。网箱网衣防污问题已引起养殖业和专业人员的广泛关注。

水产养殖网衣使用中很容易附着污损生物，这会影响养殖装备设施载荷、养殖安全、养殖容量、网衣寿命、养殖对象和养殖收入等。网衣防污技术直接关系到深远海养殖业的成败，网衣防污技术很多，但养殖设施网衣本征防污技术更适合我国某些海区的高海况特点。在高海况条件下，半潜式养殖装备与牧场化围栏等设施网衣上的防污涂料易发生脱落、失效，这已经成为制约防污涂料法产业化应用的主要问题之一。为解决上述问题，东海所石建高研究员课题组等团队在大量艰辛试验的

基础上，综合应用复合材料新技术，将适合纺丝的高效防污剂复配到特种纺丝原料中，研发具有本征防污功能的防污复合纤维——接枝聚胍盐/聚乙烯共混单丝与接枝聚胍盐/聚乙烯/纳米铜共混单丝，创制出一种养殖设施网衣本征防污技术，这为网衣防污技术提供了一种新的技术路径。

具有本征防污功能的防污复合纤维网衣本征防污法是近几年发明的一种网衣防污新技术，从 2019 年至今，在工业和信息化部高技术船舶科研项目（信部装函〔2019〕360 号）、国家重点研发计划项目（2020YFD0900803）和国家自然科学基金项目（31972844），以及东海所基本科研业务项目（2019T04）等多个项目的资助下，石建高研究员课题组联合相关单位针对养殖网衣防污问题，开展了具有本征防污功能的防污复合纤维材料的研究，生产出的具有防污功能的复合纤维网衣，已在养殖生产中试用，防污效果较好；此外，他们还开展了渔业工程新材料的研发，成功制备了一种淀粉降解防污网，并在深水网箱基地进行防污试验，海上试验防污效果也较好。

相较于人工清除法，网衣本征防污法具有如下特点：①将养殖网衣防污工作简化，可降低工人劳动强度、提高工作效率；②高效防污剂的创新应用使复合纤维网衣本身具有较好的防污性能；③采用特种纺丝工艺将高效防污剂复合到纺丝原料中，减少了防污涂料涂装工序且避免了防污剂从网衣上脱落；④防污复合纤维制备难度大，需采用特种纺丝工艺与纺丝设备；⑤筛选的防污剂应满足纺丝要求，以确保复合纤维网衣具有较好的防污功效等。网衣本征防污法将烦琐的网箱防污工作大幅度简化，特别适合我国东海区等高海况水域的网箱应用。

2. 人工清除法

针对养殖网衣防污问题，人们最先使用的技术为人工清除法。人工清除法是指使用人力或手工来清除箱体网衣附着物的方法，该方法至今已有 70 多年的历史。人工清除法包括不换网工况下的人工清除法和换网工况下的人工清除法。不换网工况下的人工清除法主要包括以下两种：一种是使用杆式刷子清洗箱体网衣，养殖工人站在网箱框架上，通过手持杆式刷子不同方向地运动来刷洗网衣附着物，以清洁网衣；另一种是利用潜水员携带高压水枪等工具入水，使用高压水来清除网衣附着物。不换网工况下的人工清除法主要特点有：①不需要换网，直接在水产养殖场进行附着物清除；②人工操作为主，整体技术要求低，应用范围小于换网工况下的人工清除法；③工作效率低，实际人工成本较高；④配套潜水工作属于高危工作；⑤作业范围有限等。人工清除法目前仍在发展中国家广泛应用，究其原因是其技术要求低且每个养殖工人都可以操作，而普及其他防污方法的条件尚不具备（如缺少购置智能洗网机所需的大笔资金等）。诚然，随着水产养殖业的规模化发展及其新技术的创新，人工清除法将逐步被其他有竞争力的网衣防污技术所替代。

换网工况下的人工清除法操作步骤为：首先进行换网，并将换下来的箱体网衣移至沙滩或养殖平台等地进行雨淋、淡水浸泡、风干或阳光曝晒等处理，以杀死网衣上的污损生物，再用棍棒敲打、手工清洗或水枪清洗等方法去除网衣上的污损生物。换网工况下的人工清除法主要特点有：①人工换网后再进行附着物的清除；②人工操作为主，整体技术要求低，应用范围广；③工人劳动强度大，工作效率低，实际人工成本较高；④换网影响鱼类正常生长发育；⑤清除的附着物污染环境等。

3. 生物防污法

在网箱、围栏等养殖设施内，通过混养一定比例的清污鱼类来防止或清除网衣附着物的方法称为生物防污法。在水产养殖业，人们将一些可以清除网衣附着物的鱼类（如斑石鲷、点篮子鱼和绿鳍马面鲀等）称为清污鱼类。清污鱼类在养殖中，常以附着在网衣上的丝状绿藻、褐藻、硅藻或贝类等为食，人们因此利用它们刮食植物或摄食动物的行为习性来防除污损生物。关于生物防污法，国内外学者进行了一些试验研究。如在国家重点研发计划项目（2020YFD0900803）等项目的资助下，石建高研究员课题组联合浙江东一海洋集团有限公司等单位开展生物防污法研究，按照不同的养殖密度投放黑鲷、点篮子鱼等清污鱼类，以观察其防污效果，综合分析了清污鱼类养殖密度、养殖网衣类型等因素对生物防污效果的影响等。

相较于人工清除法，生物防污法具有如下特点：①可降低养殖工人劳动强度、提高工作效率；②适用范围小，仅能在适合混养清污鱼类的养殖中适用；③混养清污鱼类密度合适时，生物防污具有较好的防污效果，养殖过程中可免换网与免清洗等。生物防污法实施中对环境无毒副作用，有助于水产养殖业的绿色发展，今后若能培育出清污鱼类适养品种，并成功实现"主养品种＋清污鱼类"混养商业模式的产业化应用，则可实现"网衣防污＋围栏或网箱收入"双丰收。随着我国水产养殖绿色发展战略的实施，生物防污法有望成为一种特色网衣防污方法。

4. 防污涂料法

随着水产养殖规模扩大，人们开始寻求以低劳动强度的"省力"型网衣防污技术来替代传统防污技术——人工清除法。受益于船舶防污技术的启发，人们研发了养殖网衣防污涂料。在水产养殖技术领域，通过涂料来防止海洋生物附着或污损网衣的方法称为防污涂料法。与船舶防污涂料相比，网衣防污涂料更加复杂，这主要表现在：①防污涂料与养殖鱼类等养殖对象密切接触；②使用防污涂料的网衣为多孔结构柔性网衣；③涂装防污涂料的网衣需在浪、流和外力等不断变化的海洋环境下长期防污；④水产养殖地域广阔，优势污损生物品种繁多等。网衣防污涂料一般由成膜物质、防污剂、颜料、填充剂、助剂和溶剂等组分构成。最初的网衣防污涂料以防污剂释放型防污为主要技术途径，通过涂料中可释放的重金属防污剂，在网衣表面形成一层可毒杀植物孢子与动物幼体等的液膜，以防止海洋生物附着。后来经过国内外技术人员的不懈努力，现有网衣防污涂料已呈现"百花齐放"的局面，主要类型包括低表面自由能防污涂料、硅酸盐防污涂料、导电防污涂料、仿生防污涂料、酶基防污涂料、含植物提取物的防污涂料（如辣素防污涂料）和氧化亚铜类防污涂料（目前在网衣防污涂料中占主导地位）等。

网衣防污涂料不但对水产养殖生产意义重大，而且市场潜在用量巨大。为研发或筛选出适配性好的网衣防污涂料，国内外学者进行了大量研究工作，如石建高研究员课题组在黄海进行了新型环保渔网防污剂网箱养殖试验研究，验证比较了 3 种配方的渔网防污剂的防污效果，为新型环保渔网防污剂的筛选与产业化应用积累了经验；此外，海南科维功能材料有限公司联合江苏燎原环保科技股份有限公司、东海所等单位在环保型防污涂料、特种防污技术研究及其市场化应用方面开展了深入合作，成功开发了低铜、无铜和水性等多种功能性海洋防污涂料产品，目前已在水产养殖业销售和应用。上述网衣防污涂料法研究已经取得阶段性的成果，为今后开发出绿色环保、价廉物美、广谱有效或长久高效的网衣防污涂料提供了技术储备。

相较于人工清除法，养殖网衣防污涂料法具有如下特点：①防污期内可实现网衣免清洗与免换网；②现有普通防污涂料防污期一般为 4~6 个月（个别防污涂料防污期达到 10 个月），防污期结束后需要重新进行防污处理；③不同环境下的污损生物优势种类存在差异，养殖业需优选合适类型的防污涂料；④防污涂料应具有良好的抗冲击性，以防止其在风浪流作用下从网衣上脱落；⑤部分国产防污涂料销量小、广谱性差且价格较高，导致养殖业应用防污涂料的积极性不高；⑥与无防污涂料网衣网箱相比，防污涂料网衣网箱需增加涂料成本与涂装成本；⑦防污涂料网衣网箱的海况条件需满足特定要求等。目前，我国水产养殖业仅少数网箱应用防污涂料法，这主要是因为普通防污涂料防污期短、防污涂料价格较高且需增加复杂的涂层处理工序、网箱所在海区海况恶劣且分布区域广阔等。

5. 机械清除法

随着渔业装备技术的发展，洗网机等网箱配套装备应运而生。利用洗网机等机械设备来清除或刮除养殖网衣附着物的方法称为机械清除法。现有网箱洗网机主要有机械毛刷洗网机、射流毛刷组合洗网机和高压射流水下洗网机等。针对机械清除法，日本洋马公司、挪威 AKVA 集团等开展了大量研发应用工作，积累了先进的洗网机技术，并已实现一些高端洗网机产供销的整体配套。日本洋马公司创新开发了 NCL 型智能养殖网清洗机器人，其最大潜水深度达到 50 m、最大清洗速度高达 1 600 m²/h 且已实现智能化巡航清洗，推动了高端洗网机向作业速度更快、清洗面积更大、下潜深度更深的方向发展；此外，挪威 Global Maritime 公司为"海洋渔场 1 号"半潜式深海养殖装备开发了一套高压海水清洗系统，在旋转门框架上布置带高压喷嘴的滑轨车，喷出的高压水可有效清洗整个养殖装备网衣上的附着物。上述机械清除法的研发、试验或产业化应用推动了网衣防污技术升级。

相较于人工清除法，机械清除法具有如下特点：①工作效率高（工效提高 4~5 倍以上）；②人工成本低；③作业范围大；④工人劳动强度小；⑤洗网作业时不需要潜水员操作；⑥避免了换网对鱼类正常生长发育的影响；⑦洗网机一次性投入高（要求用户有一定的经济实力或达到一定的养殖规模）；⑧用户有机械化或智能化养殖装备技术需求；⑨清洗时，可以检查网衣（仅限高端智能洗网机）等。在我国海水养殖生产中，很少使用机械清除法，这主要是因为：进口高端智能洗网机价格昂贵，国产普通洗网机多属于项目试制产品而非网箱产业用商品，适合海上作业的国产普通洗网机至今未能实现量产销售，国产智能洗网机技术尚未取得突破等。展望未来，如果国产普通洗网机整体性能优越且能量产销售，进口高端智能洗网机能因降价而大量进口，国产智能洗网机关键技术取得突破并能实现规模化制造与应用，洗网机就有望在我国规模大的养殖企业率先应用，并会逐步推广到规模小的养殖企业或个体户。

6. 箱体转动防污法

所谓箱体转动防污法是指借助网箱箱体的转动使水中（部分）网衣外露于水面，以通过风吹日晒等方法来去除或（部分）杀灭出水网衣上附着物的方法。箱体转动防污法已经在挪威、美国和中国等水产养殖业中试验或应用示范，如振华重工制备了"振渔 1 号"深远海黄鱼水产养殖平台，网箱箱体通过旋转机构安装在结构浮体上并可绕轴做 360° 旋转，定期将水下网衣部分转动出水风干与曝晒，以去除出水网衣上的附着物等。箱体转动防污法将网衣防污简便化，降低养殖工人劳动强度，提高养殖工作效率。相较于人工清除法，箱体转动防污法具有如下特点：①网衣防污操作简便，可降低养殖工人劳动强度、提高工作效率；②适用范围小，仅能在箱体可以转动的网箱上适用；③为实现网衣防污，该方法牺牲了部分养殖水体；④旋转机构增加了网箱制造成本等。箱体转动防污法目前已在旋转式网箱、可翻转网箱和球形网箱等网箱上应用，其防污效果值得充分肯定。如果今后能发明并批量产出高性价比的转动型网箱、实现网箱转动系统价格的大幅度降低、构建渔旅结合产业模式等，那么箱体转动防污法将会得到更广泛的应用。

7. 金属合金网衣防污法

通过使用具有防污功能的金属合金网衣来防止或抑制网衣附着物的方法称为金属合金网衣防污法。铜合金等特种金属合金材料具有抑菌性和抑制水生生物的作用，因此被用来研制成防污网衣，并在水产养殖领域试验或应用。截至目前，金属合金网衣及其防污法已在国内外水产养殖业中试验或应用。东海所石建高研究员等发明了一种大型复合网围，通过铜合金编织网来解决网围水下网衣的防污问题，成功将金属合金网衣拓展到网围领域。如石建高研究员课题组发明的网箱用金属编织网防污试验挂网制作及其吊挂方法，为金属网衣防污试验提供了一种快速制备方法；此外，石建高研究员课题组实现了组合式铜合金网衣——铜合金斜方网和编织网在浮式网箱箱体系统上的创新应用，验证了铜合金网衣的防污功能及其在箱体容积保持率上的提升作用。随着深远海养殖业的发展，我国在单柱半潜式深海渔场——"海峡1号"上应用铜合金网衣，以解决深远海养殖网衣的污损问题，相关工作目前正在进行中，最终结果可为大型深远海养殖网衣优选提供参考。

相较于人工清除法，金属合金网衣防污法具有如下特点：①具有良好的防污功能，使用期内可以免换网；②具有较好的强度等物理机械性能，可防止外来生物对养殖鱼类的攻击；③与同等规格的合成纤维网衣网箱相比，金属合金网衣网箱重，间接提高了网箱装配难度和浮力系统要求；④单位面积成本高，增加了水产养殖业的初始投资、生产成本和防污成本；⑤网箱规格、集中用量、装配技术及其海况条件等需满足特定要求等。因为金属合金网衣初始投资高、产业用租赁回收商业模式缺失等原因，金属合金网衣防污法目前在水产养殖业的大规模产业化应用很少。未来若能实现金属合金网衣价格大幅度降低，创制适合恶劣海况的新型金属合金网衣网箱结构，发明高性价比的金属合金网衣新材料，培育出高价适养鱼类新品种并能实施金属合金网衣租赁回收商业模式，则可推动金属合金网衣防污法在水产养殖业的应用。

8. 其他网衣防污技术的研究进展

除了上述防污技术，人们还开展了功能性网衣防污法、网衣升降防污法、错时错位养殖防污法、增大网目防污法和多元联用技术防污法等防污技术研究，推动了网衣防污技术升级。针对大孔径网衣能减少单位面积污损生物附着量的特点，水产养殖业一般会采用增大网目防污法。增大网目防污法已在水产养殖业应用。如石建高研究员课题组以不同网目尺寸的网衣进行防污试验，分析了网目尺寸大小对污损生物附着量的影响，为防污研究工作的深入开展积累了数据。根据养殖鱼类形态、规格和行为特征等实际情况，人们在网箱设计或养殖生产中也会尽量选用大网目网衣，这在其他条件相同的前提下既可有效减少网衣附着量、重量与成本，又可增加网衣内、外的水体交换率，促进养殖鱼类健康生长。

水中（部分）养殖网衣升至水面之上，通过风干日晒等方法来去除或杀灭露出水外的网衣附着物的方法称为网衣升降防污法。网衣升降防污法已在升降式网箱、半潜式养殖装备等设施中试验或应用。如烟台中集蓝海洋科技有限公司制备了"长鲸一号"深远海智能化坐底式网箱，可借助配置在网箱框架上的两台提升绞车实现网衣系统（部分）出水，既可集鱼捕捞和检查网衣，又可通过风干日晒出水网衣等方法来满足网箱防污需求。

海洋污损生物种类繁多，它们随着养殖海区、养殖季节和养殖网衣所处深度等时空的不同而发生明显变化，据此人们发明了错时错位养殖防污法。所谓错时错位养殖防污法是指通过规避污损生物高发期与高发区域来减少养殖网衣附着物的方法。部分学者采用错位养殖防污法研究网衣的防污效果。石建高研究员课题组以PA网衣与PE网衣进行防污试验研究，分析比较了不同季节、不同深度以及不同网衣材料等因素下的网衣附着情况，为今后错时错位养殖防污法研究与产业化应用积累了经验。

随着防污技术的发展，人们发现单一防污技术有时难以获得理想的网箱防污效果。为此，人们发明了多元协同防污法。所谓多元协同防污法是指通过综合应用两种或多种防污技术来减少养殖网衣附着物的方法。相比单一防污技术，多元协同防污技术将多种防污途径有机结合，功能一体化，实现了协同防污，可得到优异的处理效果和性价比。如在国家重点研发计划项目（2020YFD0900803）等项目的资助下，石建高研究员课题组联合浙江东一海洋集团有限公司等单位开展多元协同防污技术研究，在生物防污试验中配套使用具有较好防污效果的功能性网衣——龟甲网衣。结果表明，"生物防污法＋功能性网衣"防污法的协同应用可大幅度提高功能性网衣装备设施（如网箱、围栏）的综合防污效果。此外，挪威 Mørenot 公司为减少养殖网衣的洗网频率，对养殖网衣进行了防污涂料预处理。结果表明，"机械清除法＋防污涂料法"的协同应用可大大减少网衣附着物及洗网频率，养殖生产上采用多元协同防污技术具有可行性。

相较于人工清除法，上述其他网衣防污技术具有如下特点：①可降低养殖工人劳动强度、提高工作效率；②适用范围小，仅能在适合增大网目、可实现网衣升降或适合错时错位养殖等特定情况下适用；③相关防污技术因地制宜应用时，具有一定的防污效果，但在养殖过程中无法实现免换网与免清洗；④实施相关防污技术在经济效益和养殖技术上可行等。目前，海水养殖业中很少应用错时错位养殖防污法等网衣防污技术，究其原因主要是缺少合适对象。今后若能培育出高价错时错位养殖新品种、研制出养殖用新型网箱、大力发展升降式水产养殖模式、开发出多元协同防污技术，则可驱动错时错位养殖防污法等其他网衣防污技术推广应用。

二、具有本征防污功能的防污复合纤维材料结构与性能研究

本研究通过熔融纺丝引入接枝聚胍盐（PP-g-PHMG）、纳米铜（CuNP）等防污剂到网衣纤维基体中，研发/制备出具有本征防污功能的防污复合纤维，创制了一种养殖设施网衣本征防污技术，已申请国内外相关专利多项。东海所石建高研究员课题组以 PP-g-PHMG 等防污剂为原料，通过熔融共混–纺丝得到具有本征防污功能的防污复合纤维材料——接枝聚胍盐/聚乙烯共混单丝（以下简称"PP-g-PHMG/PE 共混单丝"）与接枝聚胍盐/聚乙烯/纳米铜共混单丝（以下简称"PP-g-PHMG/PE/CuNP 共混单丝"），分析研究 PP-g-PHMG 等防污剂含量对具有本征防污功能的防污复合纤维结构与性能的影响；采用抑菌实验测试具有本征防污功能的防污复合纤维的抑菌效果，分析防污剂的迁移过程对微生物附着的影响；开展了具有防污剂的网衣与普通 PE 网衣的防污对比试验，通过海上挂片试验对比分析评估网衣材料的防污效果。现将相关研究情况介绍如下。

1. PP-g-PHMG/PE 共混单丝的结构与性能研究

现代渔业的发展对养殖网衣材料的综合性能提出了更高要求，普通渔用纤维材料已不能满足现代渔业的发展要求。网衣防污是使用物理或化学方法来防止海洋污损生物在网衣表面生长或将其从网衣表面清除。但现有的防污方法存在去除效率较低，成本较高和对环境的污染较大等问题。因此，开发绿色、长效、具有防污功能的网衣材料具有重要意义。

有机胍化合物在杀菌剂领域应用最广。当带负电荷的细菌与带阳离子有机胍化合物接触时，带负电荷的细菌会被阳离子所吸引，从而束缚细菌的活动自由，抑制其呼吸机能，细菌因此会发生"接触死亡"。因此，具有生物活性的胍基化合物，常用作杀菌剂。本研究先制备具有本征防污功能的防污复合纤维——PP-g-PHMG/PE 共混单丝，再分析研究 PP-g-PHMG 含量对 PP-g-PHMG/PE 共混单丝结构与性能的影响。

（1）材料与方法

a）主要原料与试剂

HDPE 料：纺丝用 HDPE 料，中石化齐鲁石化有限公司；接枝聚胍盐：接枝率约为 10%，中国上海富源塑料科技有限公司。PP-g-PHMG 的化学结构式如下：

$$\mathrm{R-CH-CH-\overset{\displaystyle O}{\overset{\|}{C}}-O-NH\!\!\left(\!(CH_2)_6\!-\!NH-\overset{\|}{\underset{N^+HY^-}{\overset{\displaystyle O}{C}}}\!-\!NH\!\right)_{\!n}\!\!H}$$
$$\mathrm{\underset{\displaystyle CH_3}{\overset{\displaystyle |}{\underset{|}{+CH_2-CH+}}}_{\!m}}$$

b）PP-g-PHMG/PE 共混单丝的制备

将 PP-g-PHMG 和 HDPE 料混合物熔融并通过单螺杆挤出机挤出，其中，单螺杆长径比为 1 ： 32，螺杆转速为 22 r/min，喷丝孔径为 0.8 mm，料桶加热区温度为 240~270℃。PP-g-PHMG/PE 共混单丝是通过两道牵伸工艺加工制备，水浴温度为 98℃，热风箱温度为 120℃，牵伸倍数为 8.5 倍，在此温度下连续纺丝，以收丝机收卷熔纺丝结束，获得 PP-g-PHMG/PE 共混单丝。共混单丝的直径约为 0.2 mm，线密度为 35.7~40.3 tex。PP-g-PHMG 的加入量分别为共混单丝体系的 0%、10%、20%、30% 和 40%（均为湿重比例，下同；为方便叙述，下文将上述不同比例的 PP-g-PHMG/PE 共混单丝分别命名 PE、PP-g-PHMG/PE-10、PP-g-PHMG/PE-20、PP-g-PHMG/PE-30 和 PP-g-PHMG/PE-40）。作为对照组，以相同的纺丝工艺加工没有接枝 PHMG 的 PP/PE-10 共混单丝（由 90% 的 PE 和 10% 的 PP 组成）。

c）结构表征与性能测试方法

扫描电子显微镜（SEM）（6360LA，日本 JEOL 有限公司），样片经液氮淬断，断面表面喷金，导电胶固定。

动态力学分析仪（DMA，Netzsch 242C 型，德国），双悬臂模式，采用频率为 1 Hz，以 3℃/min 的升温速率从 –184℃升至 150℃，测定 PP-g-PHMG/PE 共混单丝动态模量及损耗模量随温度的变化。损耗因子 $\tan\delta$ 是黏弹性材料最基本的动力学特性，$\tan\delta$ 可按公式（2-1）进行计算

$$\tan\delta = E'/E'' \qquad (2-1)$$

式中，$\tan\delta$——损耗因子；

　　　E'——储能模量（MPa）；

　　　E''——损耗模量（MPa）。

差示扫描量热仪（DSC，Netzsch 204F1，德国），PP-g-PHMG/PE 共混单丝的热性能分析采用 DSC 仪器测试，氮气保护。试样从常温（25℃）升温至 180℃，升温速率均为 10℃/min，氮气流量为 50 mL/min。

结晶度（X_C）按公式（2-2）进行计算

$$X_C = \left(\frac{\Delta H_f^{\text{obs}}}{\Delta H_f^0} \right) \times 100 \qquad (2-2)$$

式中，ΔH_f^{obs}——实测熔融热焓（J/g）；

　　　ΔH_f^0——100 % 完全结晶的聚合物熔融热焓（J/g）（聚乙烯的 ΔH_f^0 为 287 J/g，聚丙烯的 ΔH_f^0 为 190 J/g）。

INSTRON-4466 型万能试验机（INSTRON 4466，美国），采用拉伸模式。根据《渔用聚乙烯单丝》标准（SC/T 5005—2014）测试 PP-g-PHMG/PE 共混单丝断裂强

度和断裂伸长率（夹距为 1 000 mm，拉伸速度为 500 mm/min）。

傅里叶变换红外光谱（FT-IR，Nicolet 560，美国），选择模式为衰减全反射，测试的波数范围为 500~4 000 cm^{-1}，步长为 4 cm^{-1}，表征 PP-g-PHMG/PE 共混单丝的微观结构变化。

声速取向因子由声速取向测试仪（SCY-Ⅲ，东华大学材料学院）进行测量。样品的声速值（C），声速取向因子（f）按公式（2-3）进行计算

$$f = (1 - C_m^2 / C^2) \times 100 \qquad (2\text{-}3)$$

式中，C_m——无规取向聚乙烯的声速值为 1.65 km/s；

$\quad\quad\quad C$——样品的声速值（km/s）。

PP-g-PHMG/PE 共混单丝的抑菌性能方法参见下文。

（2）结果与讨论

a）PP-g-PHMG/PE 共混单丝的微观结构

如图 2-16 所示，通过扫描电镜观察 PP-g-PHMG/PE 共混单丝截面的微观形态结构。PE 呈现均相［图 2-14（a）］，然而，PP-g-PHMG/PE 共混单丝表现出明显的相分离［图 2-14（b）、（c）］。PP 以颗粒形式存在于 PP-g-PHMG/PE 共混单丝基体材料中，这是由于与 PE 相比，PP 在相同温度下具有更高的黏度，从而导致 PP 域扩散。从图 2-14 中可以估计出 PP 颗粒的直径范围为 1~10 μm，这与使用 SEM 图像和 Nano Measurer 软件进行的定量测量结果一致。

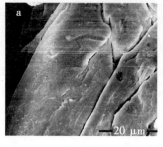 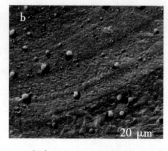 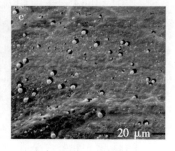

　　（a）PE　　　　　　　（b）PP-g-PHMG/PE-30　　　　　（c）PP-g-PHMG/PE-40

图 2-14　几种单丝材料的 SEM 图像

PE 单丝和 PP-g-PHMG/PE 共混单丝的 FTIR 光谱如图 2-15 所示。对于 PP-g-PHMG，在 1 640 cm^{-1} 处观察到的显著峰归因于 PP-g-PHMG 的胍基。另一个明显的峰在 1 463 cm^{-1} 和 721 cm^{-1} 附近，对应于 PE 的—CH$_2$ 和—（CH$_2$）$_n$—的伸缩振动，并且在 1 378 cm^{-1} 处观察到明显的峰，这对应于 PP 的—CH$_3$ 的伸缩振动。在 2 916 cm^{-1} 和 2 848 cm^{-1} 附近观察到强吸收峰，这可以归因于 PE 的 C—H 键的对称伸缩振

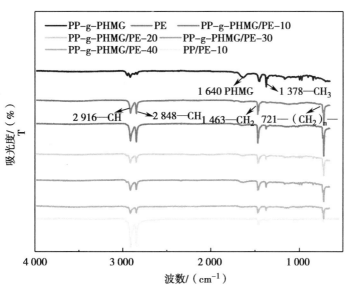

图 2-15　PE 单丝和 PP–g–PHMG/PE 共混单丝的 FTIR 光谱

动。而且，不断增长的 PP–g–PHMG 分子链导致 2 916 cm^{-1} 和 2 848 cm^{-1} 峰减小。PP–g–PHMG 与 PE 共混后，PE 和 PP–g–PHMG 均出现峰。

声速取向测试的结果反映了单丝样品中分子链的取向。图 2-16 为具有不同 PP–g–PHMG 含量（湿重）的 PP–g–PHMG/PE 共混单丝的声速取向测试的结果。相关研究结果表明，PP–g–PHMG/PE 共混单丝的所有 f 均高于 PE 单丝的 f。这是因为通过引入 PP–g–PHMG 可以降低 PE 分子链的缠结度，从而在拉伸过程中更容易沿拉伸方向进行取向。

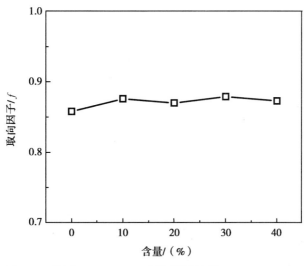

图 2-16　不同 PP–g–PHMG 含量（湿重）的 PP–g–PHMG/PE 共混单丝的声速取向因子

b）PP-g-PHMG/PE 共混单丝的热分析

PP-g-PHMG/PE 共混单丝的 DSC 分析曲线如图 2-17 所示，总结晶度（包括两个相，以 $X_{c,总}$ 或 $X_{c,\text{total}}$ 表示）按公式（2-4）进行计算

$$X_{c,\text{total}} = X_{c,\text{PE}} W_{\text{PE}} + X_{c,\text{PP}} (1 - W_{\text{PE}}) \qquad (2-4)$$

式中，$X_{c,\text{total}}$——总结晶度；

　　　$X_{c,\text{PE}}$——PE 的结晶度；

　　　$X_{c,\text{PP}}$——PP 的结晶度；

　　　W_{PE}——是 PE 所占重量比。

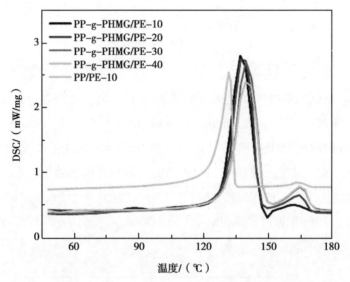

图 2-17　PP/PE 单丝和不同 PP-g-PHMG 含量 PP-g-PHMG/PE 共混单丝 DSC 曲线

PP-g-PHMG 含量与结晶度（X_c）和计算出的总结晶度（$X_{c,总}$ 或 $X_{c,\text{total}}$）的关系如图 2-18 所示。其中，PE 熔点、PE 熔融焓值、PP 熔点、PP 熔融焓值如表 2-1 所示。

由图 2-17 可见，PP-g-PHMG/PE 共混单丝显示出两个熔融吸热，反映了两个结晶相。PE、PP 的熔点（T_m）分别为 138℃和 164℃。与没有 PHMG 的 PP/PE-10 相比，PP-g-PHMG/PE 共混单丝的 T_m 比 PE 单丝的 T_m 增加 5.3℃，这是由于在分子的主链中引入了极性基团 PHMG，降低了 PE 链的柔顺性。因此，熔融熵降低，并且 T_m 向高温方向移动。此外，PP 峰的 T_m 值几乎没有变化。在 PP-g-PHMG/PE 共混单丝中，随着 PP-g-PHMG 含量的增加，PE 和 PP 的 T_m 均增加，结晶熔融峰变

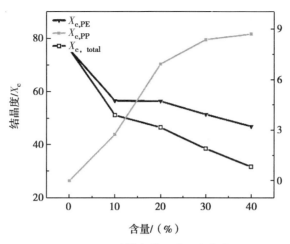

图 2-18 计算出的总结晶度曲线

表 2-1 PP-g-PHMG/PE 共混单丝各组分熔点及熔融热焓值

样品	PE 熔点 / (℃)	PE 熔融热焓值 / (J/g)	PP 熔点 / (℃)	PP 熔融热焓值 / (J/g)
PE	139.3	218.0	0	0
PP-g-PHMG/PE-10	137.8	162.2	163.0	5.2
PP-g-PHMG/PE-20	137.8	161.8	163.8	13.1
PP-g-PHMG/PE-30	139.6	147.5	165.0	15.9
PP-g-PHMG/PE-40	140.4	134.6	165.3	16.5

窄。这是因为 PHMG 增加了内部旋转的位阻，并且分子链的刚性也随着 PHMG 含量的增加而增加，从而降低熔化熵并增加 T_m 值。然而，Jose 等发现，共混对 PP 和 HDPE 的 T_m 没有影响，这表明这两种聚合物是高度不混溶的，并且共混物不相容。随着 PP-g-PHMG 含量的增加，PP-g-PHMG/PE 中 PE 的结晶度降低，而 PP 的结晶度反而升高。当 PP-g-PHMG 的含量为 40% 时，与 PE 单丝相比，PP-g-PHMG/PE 共混单丝中 PE 的结晶度降低了 29.1%；PP-g-PHMG/PE 共混单丝中 PP 的结晶度随 PP 含量的增加而增加。由图 2-18 可见，随着 PP-g-PHMG 含量的增加，PP-g-PHMG/PE 共混单丝的总结晶度呈下降趋势。这可能是因为引入 PHMG 后分子链变得更加不规则，导致总结晶度降低。

c）PP-g-PHMG/PE 共混单丝的动态力学行为

为分析 PP-g-PHMG 对 PP-g-PHMG/PE 共混单丝动态力学行为的影响，石建高研究员课题组利用 DMA 分析研究了 PP-g-PHMG/PE 共混单丝的动态力学行为。通过

DMA 测试，得到了不同 PP-g-PHMG 含量的 PP-g-PHMG/PE 共混单丝在 –184~150℃ 温度区间的储能模量（E'）和损耗因子（tanδ）变化曲线（图 2-19）。PP-g-PHMG 的添加降低了 PP-g-PHMG/PE 共混单丝的 E'，这反映了 PP-g-PHMG/PE 共混单丝较低的弹性模量。

如图 2-19（b）所示，PE 单丝和 PP-g-PHMG/PE 共混单丝在宽的测试温度范围内均检测到 α 和 γ 两个转变峰。大量文献论述了低温下的 γ 转变峰对应为聚乙烯的玻璃化转变峰，它与 PE 的非晶相有关。引入 PHMG 后，PP-g-PHMG/PE 共混单丝的 $T_γ$ 与 PP/PE-10 相比，温度从 –134.8℃升高到 –128.2℃。这是因为分子链的柔顺性降低，分子链运动所需的能量变高。高温区的 α 转变峰与聚乙烯结晶区附近受

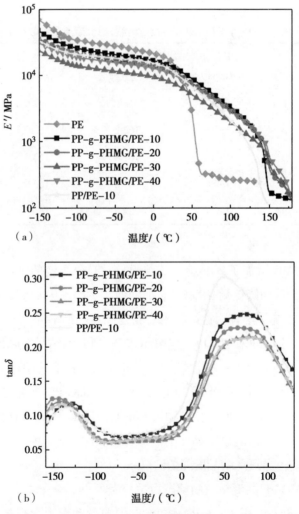

图 2-19　PP-g-PHMG/PE 共混单丝的 E'（a）和 tanδ（b）与温度的关系

限链段的运动有关，是一个复杂的多重松弛过程。DSC 的结果表明，加入 PHMG 后，PE 的结晶度降低，这表明晶体区域中分子运动的数量减少，导致 α 峰高度的降低。另外，PP-g-PHMG/PE 共混单丝的 α 转变温度（80℃）比 PE 单丝高，这在低温范围（0~50℃）下具有良好的力学性能。共混单丝的 α 转变温度与实际温度明显不同，温度对力学性能的依赖性较低。这些发现已在我们之前的研究中得到证明。随着 PHMG 含量的增加，α 峰的 tanδ 值显著降低。如上文通过 DSC 所观察到的，高 PP-g-PHMG 含量导致共混单丝中的晶体区域变小，随着结晶区分数的减少，tanδ 值也随之降低。

d）PP-g-PHMG/PE 共混单丝的力学性能

为分析 PP-g-PHMG 对 PP-g-PHMG/PE 共混单丝性能的影响，石建高研究员课题组开展了 PP-g-PHMG/PE 共混单丝的力学性能分析研究。PP-g-PHMG/PE 共混单丝的力学性能如图 2-20 所示。由图 2-20 可见，随着 PP-g-PHMG 含量的增加，PP-g-PHMG/PE 共混单丝的断裂强度呈下降趋势。这与上文的 DMA 测试结果相一致。由图 2-20 还可以看出，PP-g-PHMG/PE 共混单丝的结节强度随 PP-g-PHMG 含量的增加而增加。以 PP-g-PHMG/PE-40 为例，与 PE 单丝相比，结节强度提高了42%。结晶度和取向度是影响单丝材料物理机械性能的重要因素。尽管取向度略有增加，但 PHMG 的加入显著降低了 PP-g-PHMG/PE 共混单丝的总结晶度，这导致分子链的规则性降低并削弱了分子间力，这是两个因素共同作用的结果。如上文所述，PP-g-PHMG 链段在整个连续 PE 相中均匀分布，PP-g-PHMG 的添加通过占据球晶间区域降低了球晶尺寸，从而提高了韧性。"Surface enrichment and nonleaching

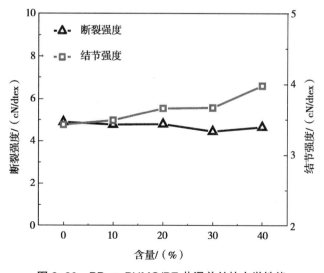

图 2-20　PP-g-PHMG/PE 共混单丝的力学性能

antimicrobial performance of polypropylene grafted poly（hexamethylene guanidine）（PP–g–PHMG）in poly（ethylene terephthalate）/PP–g–PHMG" 等文献资料表明，PP/HDPE 共混材料的物理机械性能比单一材料更好。因此，在 PE 中添加适量的 PP–g–PHMG 可提高产品的结节强度。

e）PP–g–PHMG/PE 共混单丝的抑菌性能

PP–g–PHMG 具有良好的抑菌性能。详细研究过程和结果参见下文。

（3）结论

本研究制备了 PP–g–PHMG/PE 共混单丝，分析研究了 PP–g–PHMG 含量对 PP–g–PHMG/PE 共混单丝结构与性能的影响。研究结果表明：PP 以颗粒形式存在于 PP–g–PHMG/PE 共混单丝基质中。随着 PP–g–PHMG 含量的增加，共混单丝中 PE 的结晶度降低，PP 的结晶度升高。随着 PP–g–PHMG 含量的增加，PP–g–PHMG/PE 共混单丝的总结晶度（$X_{c,总}$或$X_{c,total}$）降低，但其结节强度增加。这可能是因为引入 PHMG 后，PP–g–PHMG/PE 共混单丝的分子链变得更加不规则，从而导致其韧性提高。随着 PP–g–PHMG 含量的增加，与聚合物基质的结晶区域相关的 α 松弛变得更弱。

2. PP–g–PHMG/PE/CuNP 共混单丝的结构与性能研究

纳米铜（CuNP），纳米银和纳米锌的抗菌性能已广泛用于先进的涂层技术中。"Susceptibility constants of Escherichia coli and Bacillus subtilis to silver and copper nanoparticles-ScienceDirect" 等文献资料表明，纳米银和 CuNP 颗粒对大肠杆菌和枯草芽孢杆菌菌株具有抗菌作用。海洋生物污染是由细菌组成的生物膜引起的，因此抑制细菌生物膜的形成是解决生物污染的重要手段。本研究先制备了 PP–g–PHMG/PE/CuNP 共混单丝，再分析研究了 CuNP 含量对 PP–g–PHMG/PE/CuNP 共混单丝结构与性能的影响。

（1）材料与方法

a）主要原料与试剂

HDPE 料：纺丝用 HDPE 料，中石化齐鲁石化有限公司；PP–g–PHMG：接枝率约为 10%，中国上海富源塑料科技有限公司；纳米铜（CuNP），苏州长湖纳米科技有限公司。

b）PP–g–PHMG/PE/CuNP 共混单丝的制备

将 PP–g–PHMG、HDPE 料和 CuNP 混合物熔融并通过单螺杆挤出机，从喷丝孔挤出，其中，单螺杆长径比为 1∶32，螺杆转速为 20 r/min，喷丝孔径为 0.8 mm，料桶加热区温度为 240~270℃。PP–g–PHMG/PE/CuNP 共混单丝是通过两道牵伸工艺加工制备，水浴温度为 98℃，热风箱温度为 120℃，牵伸倍数为 8.5 倍，在此温度下连续纺丝，以收丝机收卷熔纺丝结束，获得 PP–g–PHMG/PE/CuNP 共混单丝。

共混单丝的直径为 0.2 mm，线密度 30.0~35.3 tex。PP-g-PHMG 与 PE 的重量比为 1∶4，添加 CuNP 的含量分别为共混单丝体系的 0%、0.5%、1.0% 和 1.5%（为方便叙述，下文将上述不同比例的 PP-g-PHMG/PE/CuNP 共混单丝分别命名为 PP-g-PHMG/PE，PP-g-PHMG/PE/CuNP-0.5%，PP-g-PHMG/PE/CuNP-1.0%，PP-g-PHMG/PE/CuNP-1.5%）。

　　c）结构表征与性能测试

　　仪器设备包括扫描电子显微镜（SEM）（6360LA，日本 JEOL 有限公司）、动态力学分析仪（DMA，Netzsch 242C，德国）、差示扫描量热仪（DSC，Netzsch 204F1，德国）、INSTRON-4466 型万能试验机（INSTRON 4466，美国）等，其结构表征与性能测试等同于上文的"结构表征与性能测试方法"。PP-g-PHMG/PE/CuNP 共混单丝的抑菌性能方法参见下文。

　　（2）结果与讨论

　　a）PP-g-PHMG/PE/CuNP 共混单丝的微观结构

　　本研究通过 SEM 图像直观地评估了 CuNP 在 PP-g-PHMG/PE/CuNP 共混单丝基质中的分散性（图 2-21）。

 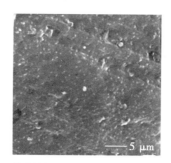 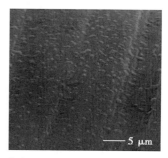

（a）PP-g-PHMG/PE/CuNP-0.5%　　（b）PP-g-PHMG/PE/CuNP-1.0%　　（c）PP-g-PHMG/PE/CuNP-1.5%

图 2-21　不同 PP-g-PHMG/PE/CuNP 共混单丝的 SEM 图像

　　由图 2-21 可见，CuNP 以微聚集体的形式均匀分散在单丝基质中［图 2-21（a）~（c）］，显示出不规则的非球形结构。上述研究结果表明，由于熔融纺丝期间的高熔融黏度，CuNP 没有完全解离和分散。CuNP 的聚集也归因于纳米颗粒之间的强范德华相互作用。当含量为 0.5% 和 1.0% 时，8~9 个 CuNP 粒子形成大小为 400~450 nm 的 CuNP 聚集体。当含量为 1.5% 时，12~15 个 CuNP 粒子形成尺寸为 600 nm 的聚集体。

　　b）PP-g-PHMG/PE/CuNP 共混单丝的热分析

　　PP-g-PHMG/PE/CuNP 共混单丝的 DSC 分析曲线如图 2-22 所示。总结晶度计算方法与上文的"PP-g-PHMG/PE 共混单丝的热分析"相同。PE 熔点、PE 结晶度、

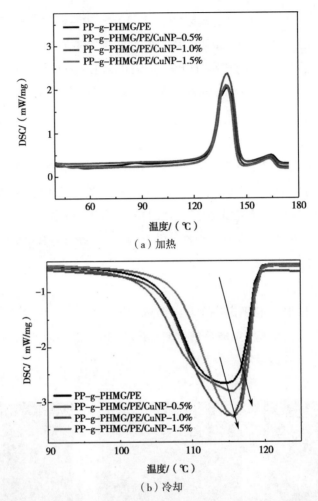

（a）加热

（b）冷却

图 2-22   不同 CuNP 含量的 PP-g-PHMG/PE/CuNP 单丝的 DSC 曲线

PP 熔点、PP 结晶度如表 2-2 所示。

表 2-2   PP-g-PHMG/PE/CuNP 共混单丝各组分熔点和结晶度

样品	PE 熔点 / (℃)	PP 熔点 / (℃)	PE 结晶度 / (%)	PP 结晶度 / (%)
PP-g-PHMG/PE	137.8	163.8	54.9	6.3
PP-g-PHMG/PE/CuNP-0.5%	138.1	164.1	42.6	3.6
PP-g-PHMG/PE/CuNP-1.0%	136.6	164.1	45.9	4.6
PP-g-PHMG/PE/CuNP-1.5%	137.4	164.0	50.1	5.2

由图 2-22 可见，PP-g-PHMG/PE/CuNP 共混单丝具有两个熔融吸热，涉及 PE 和 PP 两个结晶相。PE、PP 的熔点（T_m）分别约为 139℃和 164℃。值得注意的是，CuNP 的添加对 PE 和 PP 基质的 T_m 没有明显影响。由表 2-1 和表 2-2 可见，与上文涉及的纯 PP-g-PHMG/PE 共混单丝相比，PP-g-PHMG/ PE/CuNP 共混单丝的 $X_{c,\,total}$ 更大。当 CuNP 含量为 0.5% 时，PP-g-PHMG/ PE/CuNP 单丝 $X_{c,\,total}$ 最大为 40.9%，比纯 PP-g-PHMG/PE 共混单丝的值高 5%。对于其他共混系统，通过低浓度的纳米填充剂也观察到结晶速率的增加现象或规律。

由图 2-22（b）和表 2-2 可见，PP-g-PHMG/PE/CuNP 共混单丝的结晶温度（T_c）随着 CuNP 含量的增加而增加。在结晶过程中，纳米填充剂充当成核种子，并在聚合物共混物的异相成核中发挥积极作用，从而促进了结晶。CuNP 充当成核种子并促进结晶，从而促使聚合物分子链在高温下结晶。

c）PP-g-PHMG/PE/CuNP 共混单丝的动态力学性能

本研究通过动态力学分析研究了 PP-g-PHMG/PE/CuNP 共混单丝的黏弹性。PP-g-PHMG/PE/CuNP 共混单丝的动态力学性能［储能模量（E'）、损耗因子（$\tan\delta$）］与温度的关系如图 2-23 所示。

CuNP 的添加降低了单丝的储能模量（E'），表现在其具有较低的弹性模量。CuNP 对共混单丝具有增塑作用，这与总结晶度的降低有关。然而，PP-g-PHMG/PE/CuNP 共混单丝的 E' 随 CuNP 含量的增加而增加。这表明单丝总结晶度（$X_{c,\,总}$ 或 $X_{c,total}$）的增加显著提高了刚度。如图 2-23（b）所示，在测试温度范围内，具有不同 CuNP 含量的 PP-g-PHMG/PE/CuNP 共混单丝观察到两个松弛过程。低温下的弛豫转变称为 γ 松弛，这与 PE 非晶相有关。引入 CuNP 后，PP-g-PHMG/PE/CuNP 共混单丝的 T_γ 与 PP-g-PHMG/PE 共混单丝相比，从 −147.6℃ 升高至 −129.2℃，并且 γ 峰的 $\tan\delta$ 值显著降低。通常，$\tan\delta$ 峰的形状和位置与分子结构密切相关。这是因为聚合物分子与 CuNP 之间的相互作用会降低大分子链的活性，分子链运动所需的能量变高，导致 $\tan\delta$ 峰值降低和 T_γ 升高。在较高温度下的弛豫转变称为 α 弛豫，它对应于晶体区域附近受限制链段的运动。α 的峰值随着 CuNP 含量的增加而降低。

d）PP-g-PHMG/PE/CuNP 共混单丝的力学性能

为分析 CuNP 对 PP-g-PHMG/PE/CuNP 共混单丝性能的影响，石建高研究员课题组开展了 PP-g-PHMG/PE/CuNP 共混单丝的力学性能分析研究。PP-g-PHMG/PE/CuNP 共混单丝的力学性能如图 2-24 所示。

由图 2-24 可见，添加 CuNP 后的 PP-g-PHMG/PE/CuNP 共混单丝的断裂强度先增加后减小，其结节强度随 CuNP 含量的增加而增加。当 CuNP 含量为 0.5%~1.0%

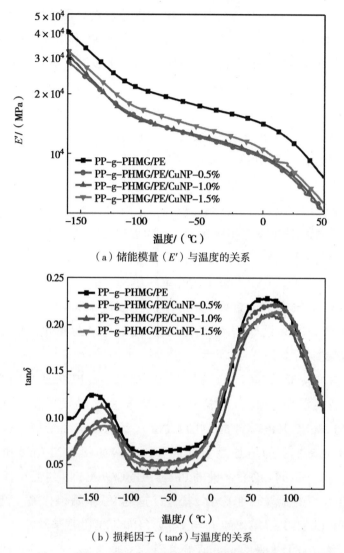

（a）储能模量（E'）与温度的关系

（b）损耗因子（$\tan\delta$）与温度的关系

图 2-23　PP-g-PHMG/PE/CuNP 共混单丝的动态力学性能与温度的关系

时，PP-g-PHMG/PE/CuNP 共混单丝与 PP-g-PHMG/PE 共混单丝相比具有更高的断裂强度和结节强度。上述发现与纳米颗粒的微观结构（如分散状态、聚集状态等）有关。当 CuNP 均匀地分散在 HDPE 基体中时，会产生显著的纳米增强和增韧效果，从而增加共混单丝的断裂强度与结节强度。当 CuNP 含量为 1.5% 时，共混单丝的团聚加剧，形成较大的团聚体，导致其断裂强度降低。

e）PP-g-PHMG/PE/CuNP 共混单丝的抑菌性能

CuNP 表现出优异的抗菌性能。在上文的研究中，我们发现 PP-g-PHMG/PE 共混单丝对金黄色葡萄球菌具有良好的抑制作用。本研究选择金黄色葡萄球菌作为测

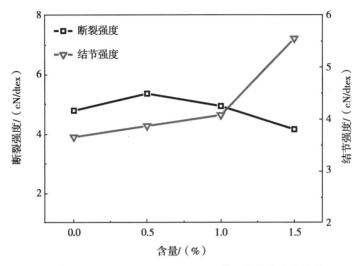

图 2-24 PP-g-PHMG/PE/CuNP 共混单丝的力学性能

试细菌，以研究 PP-g-PHMG/PE/CuNP 共混单丝的抗菌性能。详细研究过程和结果参见下文。

（3）结论

本研究制备了 PP-g-PHMG/PE/CuNP 共混单丝，分析研究了 PP-g-PHMG/PE/CuNP 共混单丝结构与性能。研究结果表明：CuNP 以微聚集体形式分散在 PP-g-PHMG/PE/CuNP 共混单丝基质中，显示出不规则的非球形结构。添加 CuNP 后，PP-g-PHMG/PE/CuNP 共混单丝的总结晶度降低。随着 CuNP 含量的增加，与聚合物基质的结晶区相关的 α 松弛变得更弱，这表明其结晶度降低。当 CuNP 含量在 0.5%~1.0% 的范围内时，具有低 CuNP 含量的 PP-g-PHMG/PE/CuNP 共混单丝的断裂强度和结节强度优于 PP-g-PHMG/PE 共混单丝。当 CuNP 含量增加到 1.5% 时，由于 CuNP 的聚集导致其力学性能降低。

三、具有本征防污功能的防污复合纤维材料的抑菌活性研究

本研究采用抑菌实验，对 PP-g-PHMG/PE 共混单丝、PP-g-PHMG/PE/CuNP 共混单丝等网衣材料中防污剂对网衣表面附着微生物的抑菌活性进行了研究，测试了防污剂的扩散能力对微生物生长抑制活性效果。

1. PP-g-PHMG/PE 共混单丝的抑菌活性研究

本研究先将 PP-g-PHMG 与 PE 通过熔融共混 - 纺丝得到具有本征防污功能的防污复合纤维——PP-g-PHMG/PE 共混单丝，然后，分析研究了 PP-g-PHMG/PE 共混单丝中"防污剂"——PP-g-PHMG 的迁移过程对微生物附着的影响。

（1）材料与方法

a）主要原料与试剂

主要原料与试剂与本节第 80 页"a）主要原料与试剂"相同。

b）PP-g-PHMG/PE 共混单丝的制备

PP-g-PHMG/PE 共混单丝的制备与本节第 81 页中"b）PP-g-PHMG/PE 共混单丝的制备"相同。

c）抑菌性能测试方法

采用抑菌圈法测定了不同含量的 PP-g-PHMG/PE 共混单丝的抗菌性能。选择大肠杆菌（*Escherichia coli*）作为革兰氏阴性菌的代表，选择金黄色葡萄球菌（*Staphylococcus aureus*）作为革兰氏阳性菌的代表。将细菌溶液用 0.9% 生理盐水梯度稀释，并将 100 μL 稀释液体均匀涂抹在脑心浸液（BHI）固体琼脂平板上。然后执行以下步骤：

- 使用无菌镊子取样；
- 将样品放在已涂有细菌溶液的 BHI 固体琼脂平板表面上；
- 将样品放入 30℃的培养箱中培养 24 h；
- 当抑菌圈明显时，拍照并记录结果。

（2）结果与讨论

在以往研究中发现 PP-g-PHMG 对革兰氏阳性菌和革兰氏阴性菌均具有很高的抑菌活性。本研究我们选择大肠杆菌和金黄色葡萄球菌作为测试细菌，以研究 PP-g-PHMG/PE 共混单丝的抑菌性能（图 2-25）。

研究结果表明，不同含量的 PP-g-PHMG 对金黄色葡萄球菌和大肠杆菌的抑制程度不同。在 PE 单丝和 PP-g-PHMG/PE-10 单丝中没有明显的抑菌圈，但是在 20%、30% 和 40% PP-g-PHMG 含量的样本中观察到明显的抑菌圈，并且抑菌圈的范围逐

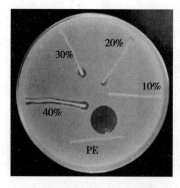
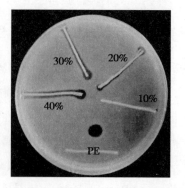

（a）对大肠杆菌的抑菌性能　　　（b）对金黄色葡萄球菌的抑菌性能

图 2-25　PP-g-PHMG/PE 共混单丝的抑菌性能照片

渐扩大，原因可能是 PP-g-PHMG 的 10% 含量太低，所以抑菌效果并不明显。相比之下，纯 PE 材料没有明显的抑菌圈。这些都表明 PP-g-PHMG/PE 共混单丝（PP-g-PHMG 的含量 > 20%）具有优异的抑菌活性。此外，我们发现 PP-g-PHMG/PE 共混单丝通常对金黄色葡萄球菌的活性比对大肠杆菌的活性高。这种现象归因于它们不同的细胞结构，金黄色葡萄球菌只有一个松散的细胞壁，而大肠杆菌在细胞壁上有一个外膜结构。外膜能够作为防止 PHMG 入侵的附加屏障。

（3）结论

本研究制备了 PP-g-PHMG/PE 共混单丝，分析研究了 PP-g-PHMG/PE 共混单丝中防污剂——PP-g-PHMG 的迁移过程对微生物附着的影响。研究结果表明：PP-g-PHMG/PE 共混单丝（PP-g-PHMG 的含量 > 20%）表现出优异的抗菌活性，对金黄色葡萄球菌抑制效果更好。综上，PP-g-PHMG/PE 共混单丝具有较好的抑菌性能，其应用于渔网防污具有可行性。

2. PP-g-PHMG/PE/CuNP 共混单丝的抑菌活性研究

本研究先将 PP-g-PHMG、HDPE 料和 CuNP 通过熔融共混 - 纺丝得到具有本征防污功能的防污复合纤维——PP-g-PHMG/PE/CuNP 共混单丝，然后，分析研究了 PP-g-PHMG/PE/CuNP 共混单丝中的防污剂——PP-g-PHMG 与 CuNP 的迁移过程对微生物附着的影响。

（1）材料与方法

a）主要原料与试剂

主要原料与试剂与本节第 88 页中"a）主要原料与试剂"相同。

b）PP-g-PHMG/PE/CuNP 共混单丝的制备

PP-g-PHMG/PE/CuNP 共混单丝的制备与本节第 88 页中"b）PP-g-PHMG/PE/CuNP 共混单丝的制备"相同。

c）抑菌性能测试方法

采用《纺织品　抗菌性能的评价中第 3 部分：振荡法》（GB/T 20944.3—2008）标准对不同浓度的 PP-g-PHMG/PE/CuNP 共混单丝进行了抗菌试验。金黄色葡萄球菌（S.aureus，AATCC 6538）为代表性细菌。具体操作方法如下。

将重量为 0.1 g 的经过紫外线消毒的单丝样品分别装入已控制细菌浓度为 2.75×10^6 个 /mL 的三角烧瓶中，在 25℃下振荡培养 18 h。精确移取 100 uL 菌液，涂布于营养肉汤培养基（简称"NB 培养基"）上，37℃下培养 24 h 后计数，计算抗菌率。抗菌率（以下用 η 表示）可通过公式（2-5）进行计算

$$\eta = \frac{(A-B) \times 100}{A} \tag{2-5}$$

式中，η——抗菌率；

　　A——对照样品中形成的菌落数；

　　B——在样品单丝中形成的菌落数。

（2）结果与讨论

在本研究中，我们选择金黄色葡萄球菌作为测试细菌，以研究 PP–g–PHMG/PE/CuNP 共混单丝的抗菌性能。对于三个稀释倍数为 5~10 的样品（PE 单丝、PP–g–PHMG/PE 共混单丝和 PP–g–PHMG/PE/CuNP 共混单丝），测量了培养 24 h 的样品的抑菌率，如图 2–26 所示。

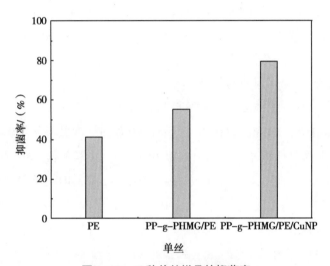

图 2–26　三种单丝样品的抑菌率

图 2–27 显示了培养 24 h 的 PE 单丝、PP–g–PHMG/PE 共混单丝和 PP–g–PHMG/PE/CuNP 共混单丝三种单丝样品的菌落照片。

由图 2–26 和图 2–27 可见，PP–g–PHMG/PE/CuNP 共混单丝的抗菌效果明显优

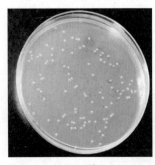
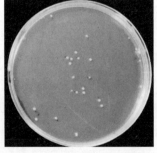
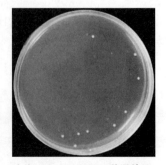

（a）PE 单丝　　　　　（b）PP–g–PHMG/PE 共混单丝　　　　　（c）PP–g–PHMG/PE 共混单丝

图 2–27　3 种单丝样品的菌落照片

于 PE 单丝和 PP-g-PHMG/PE 共混单丝。经过计算，PP-g-PHMG/PE/CuNP 共混单丝对金黄色葡萄球菌的抑菌作用比 PE 单丝高 38.36%；与 PP-g-PHMG/PE 共混单丝相比，PP-g-PHMG/PE/CuNP 共混单丝的细菌菌落数减少了 44.2%。产生上述结果的原因主要有：

①细菌细胞壁由于磷脂的存在而带有静负电荷，因此阳离子与细胞壁之间存在静电吸引；PHMG 是阳离子聚合物，细菌被静电吸引到细胞膜上，导致细胞膜破裂；

②不稳定的 CuNP 释放的金属阳离子会在细胞壁上形成凹坑，导致细胞质液泄漏；一旦进入细胞内部，金属阳离子将产生过量的高活性自由基，称为活性氧（ROS）。这些自由基是芬顿反应的副产物。ROS 攻击细菌 DNA 的双螺旋结构，加速了细胞凋亡。

综上所述，PP-g-PHMG/PE/CuNP 共混单丝优异的抗菌性能可能是上述两个因素综合作用的结果。

（3）结论

本研究制备了 PP-g-PHMG/PE/CuNP 共混单丝，分析研究了 PP-g-PHMG/PE/CuNP 共混单丝中的防污剂——PP-g-PHMG 与 CuNP 的迁移过程对微生物附着的影响。研究结果表明：PP-g-PHMG/PE/CuNP 共混单丝在抑菌方面显示出明显的优势。PP-g-PHMG/PE/CuNP 共混单丝对金黄色葡萄球菌的抑菌作用比 PE 单丝高 38.36%。因此，PP-g-PHMG/PE/CuNP 共混单丝具有较好的抑菌性能，其应用于渔网防污具有可行性。

四、具有本征防污功能的防污复合纤维材料的防污效果评估

为方便叙述，下文将 PP-g-PHMG/PE 网线或 PP-g-PHMG/PE/CuNP 网线统称为"聚胍盐改性聚乙烯渔网线"；也将 PP-g-PHMG/PE 网片或 PP-g-PHMG/PE/CuNP 网片统称为"聚胍盐改性聚乙烯网片"。本研究将胍类有机聚合物引入渔网材料中，以上述聚胍盐改性聚乙烯单丝为基体纤维制备聚胍盐改性聚乙烯渔网线及其网衣，对其力学性能进行了分析研究；同时，开展了聚胍盐改性聚乙烯网衣与普通 PE 网衣的防污比对试验，通过海上挂片试验对比分析评估网衣材料的防污效果，为绿色环保防污网衣材料的开发与应用提供参考。

（1）材料与方法

a）聚胍盐改性聚乙烯渔网线及其网片的制备

聚胍盐改性聚乙烯渔网线采用捻线机制作。以上文中的 PP-g-PHMG/PE 单丝、PP-g-PHMG/PE/CuNP 单丝为基体纤维，制作聚胍盐改性聚乙烯渔网线，其中，直

径为 0.9 mm（规格为 $36 \times 4 \times 3$ tex）的两种网线分别标记为 PP–g–PHMG/PE 网线、PP–g–PHMG/PE/CuNP 网线。同时，制作了相同规格的传统渔用 PE 网线（规格为 $36 \times 4 \times 3$ tex）。以上述渔网线制作聚胍盐改性聚乙烯网片（网目尺寸为 40 mm、结型为单线单死结），三种网片分别为 PP–g–PHMG/PE 网片、PP–g–PHMG/PE/CuNP 网片和 PE 网片。

b）结构表征与性能测试

采用 INSTRON–4466 型强力试验机，测试渔网线样品的力学性能，所有渔网线样品按水产行业标准《合成纤维渔网线试验方法》（SC/T 4039—2018）标准进行测试，拉伸速度为 200 mm/min，试样长度为 750 mm；使用线性磨损试验机（5750，Taber Instruments，美国）对渔网线样品的耐磨性进行测试。按《渔网 网目断裂强力的测定》（GBT 21292—2007）标准的规定对聚胍盐改性聚乙烯网片的网目断裂强力进行测试。

（2）结果与讨论

a）聚胍盐改性聚乙烯渔网线的力学性能

采用 INSTRON–4466 型强力试验机测试了三种渔网线的力学性能（图 2–28）。上述渔网线的断裂强力与湿态断裂强力的强力保持率如表 2–3 所示。

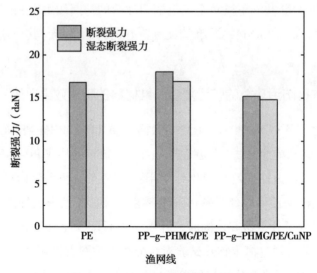

图 2-28 聚胍盐改性聚乙烯渔网线的力学性能

表 2-3　聚胍盐改性聚乙烯渔网线的强力保持率

序号	样品名称	强力保持率 / (％)
1	PE 渔网线	91.51
2	PP-g-PHMG/PE 渔网线	93.63
3	PP-g-PHMG/PE/CuNP 渔网线	99.60

由图 2-28 和表 2-3 可见，PP-g-PHMG/PE 网线的断裂强力为 180.5 N，高于同直径 PE 网线（168.4 N），这主要是因为 PP-g-PHMG/PE 单丝性能优于普通 PE 单丝。与普通 PE 单丝相比，PP-g-PHMG/PE 单丝采用共混改性技术，这改善了单丝的内部分子结构，使得单丝的取向度较大、分子链堆砌紧密、分子链间作用力大，导致其综合性能优于试验用普通 PE 单丝。网线在干、湿态下的强力性能比较对养殖网箱的强度变化有着重要的意义。若网线在水中断裂强力降低，则会影响养殖网箱的强力性能。而网线在水中强力高，可以提高网箱的安全性。由图 2-28 和表 2-3 可见，PP-g-PHMG/PE 网线在湿态下具有良好的强力性能，因此，它可以在渔业生产中推广应用。加入 CuNP 后，PP-g-PHMG/PE/CuNP 网线断裂强力与湿态断裂强力的强力保持率高达 99.60%。由此可见，纳米材料的加入对材料的强力保持率有一定促进作用。

b）聚胍盐改性聚乙烯渔网线的耐磨性能

使用线性磨损试验机对渔网线样品的耐磨性进行了测试，测试结果如表 2-4 所示。

表 2-4　聚胍盐改性聚乙烯渔网线的耐磨性能

序号	样品名称	磨断次数 / 次
1	PE 渔网线	964
2	PP-g-PHMG/PE 渔网线	2 129
3	PP-g-PHMG/PE/CuNP 渔网线	1 835

由表 2-4 可见，PP-g-PHMG/PE 网线和 PP-g-PHMG/PE/CuNP 网线的耐磨性均优于 PE 网线，这可能是由于 PP-g-PHMG 本身具有较高的硬度，所以 PP-g-PHMG 的加入显著提高了聚胍盐改性聚乙烯渔网线的耐磨性能。此外，研究还表明，PP-g-PHMG/PE 单丝的弹性模量大于 PP-g-PHMG/PE/CuNP 单丝，PP-g-PHMG/PE 单丝具有更高的刚性。所以，就网线耐磨性能而言，PP-g-PHMG/PE 网线优于 PP-g-PHMG/PE/CuNP 网线，这与上文研究结果一致。

c）聚胍盐改性聚乙烯网片的力学性能研究

聚胍盐改性聚乙烯网片的网目断裂强力测试结果如图 2-29 所示。

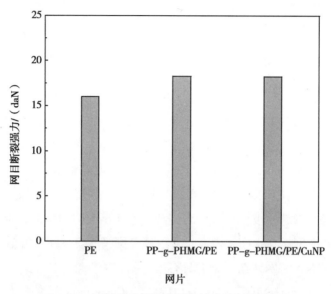

图 2-29　聚胍盐改性聚乙烯网片的网目断裂强力

由图 2-29 可见，PE 网片的网目断裂强力为 160.5 N，PP-g-PHMG/PE 网片的网目断裂强力为 183.6 N，PP-g-PHMG/PE/CuNP 网片的网目断裂强力为 183.1 N，这两种聚胍盐改性聚乙烯网片的网目断裂强力相当。与相同规格的 PE 网片相比，PP-g-PHMG/PE 网片、PP-g-PHMG/PE/CuNP 网片的网目断裂强力分别提高了 14.4% 和 14.1%。网目断裂强力性能与养殖网箱的强度、安全及使用寿命等有着密切的关系。在网目尺寸相同的情况下，可以用 PP-g-PHMG/PE 网片、PP-g-PHMG/PE/CuNP 网片替代普通的 PE 网片。

d）聚胍盐改性聚乙烯网片的防污性能评价

为评价聚胍盐改性聚乙烯网片的防污性能，石建高研究员课题组制作聚胍盐改性聚乙烯网片（网目尺寸为 40 mm、结型为单线单死结；网片包括 PP-g-PHMG/PE 网片和 PP-g-PHMG/PE/CuNP 网片）并进行了海上挂片试验，试验地点为浙江舟山。防污试验用对照网片采用 PE 网片，试验时间为 2020 年 8 月至 2021 年 4 月，相关防污试验结果如表 2-5 所示。

由表 2-5 可见，渔网附着的污损生物主要为藤壶和麦秆虫。一个月后，渔网均有少量污损物附着，但 PE 渔网上的附着面积大于其他两个渔网。三个月后，PE 渔网被附着的污损物完全覆盖，另外两个渔网的防污效果明显好于 PE 渔网。值得注意的是，与 PP-g-PHMG/PE 渔网相比，PP-g-PHMG/PE/CuNP 渔网表面附着的藤壶要更

表 2-5　PP-g-PHMG/PE 网片等三种网片的海上挂片试验结果一览

样品	挂片时间 / 月			
	0	1	3	8
PE 渔网				
PP-g-PHMG/PE 渔网				
PP-g-PHMG/PE/CuNP 渔网				

少。相同面积的渔网比较结果表明：与 PE 渔网相比，PP–g–PHMG/PE/CuNP 渔网附着的污损生物重量降低了 50.1%，而 PP–g–PHMG/PE 渔网附着的污损生物重量降低了 27.7%。因此，PP–g–PHMG/PE/CuNP 渔网对海洋污损生物具有一定的驱避作用。上述渔网样品海上挂片 8 个月后进入冬季，试验海区平均水温下降，这不适于海洋污损生物生长，且在浪流不断冲刷下，三种渔网样品上附着的海洋污损生物均有所减少。上述试验结果也表明，水温对渔网上污损生物的附着有着明显的影响。

（3）结论

以 PP–g–PHMG/PE 单丝、PP–g–PHMG/PE/CuNP 单丝和 PE 单丝为基体纤维，制备三种渔网线与网片，并进行海上挂片防污试验，以研究接枝聚胍盐对渔网材料结构与性能的影响。研究结果表明：① PP–g–PHMG/PE 网线的断裂强力高于同直径 PE 网线，它具有较好的强力性能；② PP–g–PHMG/PE 网线、PP–g–PHMG/PE/CuNP 网线耐磨性优于 PE 网线；③ PP–g–PHMG/PE 网片、PP–g–PHMG/PE/CuNP 网片的网目断裂强力相当，较 PE 网片分别提高了 14.4% 和 14.1%；④ PP–g–PHMG/PE 网片、PP–g–PHMG/PE/CuNP 网片较 PE 网片具有良好的防污效果，与 PE 渔网相比，PP–g–PHMG/PE/CuNP 渔网的污损生物增重降低了 50.1%，PP–g–PHMG/PE 渔网降低了 27.7%。综上所述，试验研发的聚胍盐改性聚乙烯网片具有较好的防污性能，其在渔业生产上推广应用具有可行性。

诚然，养殖海况、网衣结构与污损生物等的多样性，导致防污功能网衣材料研发与应用的复杂性。养殖设施网衣本征防污技术前景广阔，但防污功能网衣材料研发与应用任重道远，需要大家的共同努力与支持。

第三章　深远海养殖用纤维及其测试技术

中国是世界第一渔具材料大国，纤维等渔具材料的总产值巨大。材料是深远海养殖业的基础，框架系统、箱体系统及锚泊系统等网箱系统都离不开材料。新材料的研发、测试与应用为深远海养殖的离岸化、深水化、大型化、智能化和现代化发挥了重要作用。在深远海养殖技术领域，纤维材料（以下简称"纤维"）不可或缺，是加工绳网的主要基体材料。本章对深远海养殖用纤维及其测试技术进行分析研究，为水产养殖业的绿色发展提供科技支撑。

第一节　深远海养殖用纤维材料

在深远海养殖技术领域，网线、网衣和绳索统称为绳网。绳网一般由纤维生产加工而成，少数由片材等材料加工而成。本节主要对纤维形态、尺寸、种类、共性、表征与特性等进行了概述与分析研究。

一、纤维形态、尺寸与种类

材料学中的纤维通常是指长宽比在 1 000 数量级以上、粗细为几微米到上百微米的柔软细长体。纤维有连续长丝和短纤维之分。纤维状物质广泛存在于动物毛发、植物和矿物中。从人类诞生到 19 世纪末，主要认知和使用的纤维是天然纤维。1935 年发明了尼龙（Nylon）纤维，1938 年又发明了短纤维（PET），这些化学纤维的发明极大地丰富了纤维的种类与用途。纤维材料的种类以及分类方法很多，其中：按来源和习惯分为天然纤维和化学纤维（再生纤维、无机纤维和合成纤维）两大类；按英美国家的分类习惯分为天然纤维、人造纤维和合成纤维三大类。

1. 纤维形态

根据表面和纵向的形态不同，化学纤维形态可以分成直丝、变形丝、网络丝、卷曲纤维、花式丝、裂膜纤维等。渔用纤维的形态与化学纤维有所区别，参照《Textiles – Morphology of Fibres and Yarns – Vocabulary》（ISO 8159），它们主要制成长丝、短纤维和裂膜纤维三种基本形态。

（1）短纤维

较短的天然纤维和由长丝切断成适合纺纱要求长度的纤维称为短纤维（也称"短丝"或"短纤"）。短纤维是一种不连续纤维，粗度与长丝相仿。化学短纤维的主要品种有锦纶（PA）短纤维、PET短纤维、丙纶（PP）短纤维、维纶（PVAL）短纤维和腈纶（PAN）短纤维等合成短纤维。用短纤维捻制的纱比用同样材料制成的复丝纱强力要低，而伸长较大。由短纤维制成的绳网，由于其表面伸出许多松散的纤维端形成茸毛，使绳网表面粗糙，降低了网结的滑动。这种绳网可用于贝藻类绳网的制作，以提高绳网的附着能力。

（2）裂膜纤维

裂膜纤维是指高聚物薄膜经纵向拉伸、撕裂、原纤化制成的化学纤维（也称"膜裂纤维"）。裂膜纤维是一种新型纤维，加工成型时其规格可根据实际生产需要进行切割加工。裂膜纤维后续加工成型方式较多，实际生产中可根据需要选用。裂膜纤维可直接制作地毯、军用品和某些装饰织物的用纱等。裂膜纤维也可先加捻形成单纱，然后，再加工成线绳等材料。在深远海养殖等领域，裂膜纤维织网时既可以加捻，也可以不加捻。某些薄膜带在制造时经高倍拉伸，当在张力下加捻时，能沿纵向分裂，因此，由这些纤维制成的纱带有不规则的裂纹。裂膜纤维比较粗硬，强度较大，可用来制造绳网。高强膜裂纤维是一种高性价比纤维，其在水产领域或其他民用领域的应用前景非常广阔。目前，东海所石建高研究员团队联合郑州中远防务材料有限公司等单位从事高强膜裂纤维绳网的开发及其在渔业上的产业化应用示范，取得了较好的技术效果。

（3）长丝

长度可达几十米以上的天然丝和按实际要求制成的任意长度的细丝状纤维均称为长丝。在深远海养殖等领域，长丝一般包括单丝、复丝和变形丝。长丝可按实际要求制成无限长并可制成不同的细度，其直径一般小于0.05 mm。纺织用天然长丝主要包括桑蚕丝、柞蚕丝和蜘蛛丝等；合纤长丝主要包括PET长丝、PA长丝、PP长丝和PAN长丝等。长丝适合作为一根单纱或网线单独使用。具有足够强力的单根长丝称为单丝。单丝可直接作为一根线材在渔具上单独使用，也可直接用来捻制绳网，这是它与复丝的主要区别。单丝主要包括聚酰胺单丝（以下简称"锦纶单丝"或"PA单丝"）、聚乙烯单丝（以下简称"乙纶单丝"或"PE单丝"）和聚丙烯单丝（以下简称"丙纶单丝"或"PP单丝"）三种；其他单丝主要包括涤纶单丝、维纶单丝、超高分子量聚乙烯（UHMWPE）单丝等。PVAL单丝主要用于藻类网帘的制作；PA单丝主要用于刺网、钓线和防磨网等渔具材料的制作；半刚性PET单丝在深远海养殖上主要用作半刚性聚酯网衣或网纲等。单丝横截面多呈圆形。较粗的合成纤维单丝称为鬃丝。一定数量的长丝集中在一起，通过加捻、增加抱合，形成一根单纱或丝束，称为复丝。复丝加捻以后可形成捻丝；捻丝再经一次或多次并合、加捻成为复合捻丝。变形丝主要针对普通长丝的直、易分离或堆砌密度高所导致的织物缺陷，通过改变合成纤维卷曲形态来改善纤维性能。变形加工一般是指通过机械作用给予长丝二度或三度空间的卷曲变形，并用适当的方法加以固定，使原有长丝获得永久、牢固的卷曲形态。目前，东海所石建高研究员团队正联合东莞市方中运动制品有限公司等单位从事熔纺 UHMWPE 单丝与改性 UHMWPE 单丝的开发应用。熔纺 UHMWPE 单丝与改性 UHMWPE 单丝可用于网箱箱体、高性能绳网、深水 / 深远海养殖围栏等产品的制作。

（4）渔用纤维形态

深远海养殖领域用纤维形态各异、千差万别。目前，深远海养殖领域用纤维形态包括单丝、复丝和裂膜纤维等。PE 绳网制作用纤维形态主要包括单丝、长丝和裂膜纤维等；PP 绳网制作用纤维形态主要包括单丝、复丝和裂膜纤维等；PA 绳网制作用纤维形态主要包括复丝、短纤维或单丝等；PVAL 绳网制作用纤维形态主要包括短纤维；PET 绳网制作用纤维形态主要包括复丝和单丝；氯纶（以下简称"PVC 单丝"）绳网制作用纤维形态主要包括长丝和短纤维；偏氯纶（以下简称"PVDC 单丝"）绳网制作用纤维形态主要包括单丝、长丝和短纤维；UHMWPE 绳网制作用纤维形态主要为长丝，少量 UHMWPE 绳网制作采用裂膜纤维或单丝。

2. 纤维尺寸

纤维尺寸复杂多样，现将纤维直径及其长度概述如下。

（1）纤维直径

按直径不同，化学纤维分为常规纤维、粗特纤维和细特纤维。线密度为 1.4~7 dtex 的化学纤维称常规纤维。由线密度较大的单丝组成的复丝称为粗特纤维（如由 10~24 根单丝组成的 22~110 dtex 的复丝）。细特纤维是一种比常规纤维细得多的化学纤维，通常有细特、微细、超细和极细纤维之分。

（2）纤维长度

纤维可以按长度不同分为长丝、短纤维、短切纤维和纤条体等。关于长丝的相关介绍见上页。短纤维又称短丝或短纤。较短的天然纤维和由长丝切断成适合纺纱要求长度的纤维称为短纤维。化学短纤维的主要品种有 PET 短纤维、PA 短纤维、PP 短纤维、PVAL 短纤维和 PAN 短纤维等合成短纤维。由短纤维制成的绳网，由于其表面伸出许多松散的纤维端，形成茸毛使线表面粗糙，这种茸毛可降低网结的滑动，如掺有 PVAL 纱的紫菜养殖用 PVAL/PE 混合线。短切纤维是切断长度为 0.5~20 mm

的化学纤维。纤条体是特制的合成短纤维，类似于木浆粕，故也称合成浆粕。在深远海养殖等领域，人们可根据实际需要选择合适纤维长度的纤维种类。

3. 纤维种类

纤维的种类很多，现对天然纤维、化学纤维和渔用纤维新材料进行概述。

（1）天然纤维

在深远海养殖等领域天然纤维应用很少。但在远古时期，天然纤维曾在渔业生产中发挥重要作用。为此，本节也对天然纤维材料进行简要概述。凡是自然界里原有的或从人工种植的植物中、人工饲养的动物的毛发和分泌液中获取的纤维，统称为天然纤维。天然纤维按来源分为植物纤维、动物纤维和矿物纤维。渔用天然纤维主要包括植物纤维和动物纤维两大类。

取自植物种子、茎、韧皮、叶或果实的纤维称为植物纤维。渔用植物纤维有种子纤维、叶纤维和韧皮纤维等，如马尼拉麻、剑麻、棉纤维、苎麻、亚麻、大麻、黄麻、红麻和罗布麻等。棉纤维可以加工成各种直径的渔网线，从最细的直径仅0.2 mm 至任意粗度，过去人们曾将棉线加工成网线，或将棉线制成渔网（如刺网、围网、小型拖网、定置网和撒网等），因此，历史上棉纤维曾是主要的渔用纤维材料之一。取自植物叶子的纤维称为叶纤维，如剑麻、蕉麻、菠萝叶纤维、香蕉茎纤维等。适于在渔业上使用的叶纤维主要有西沙尔麻、马尼拉麻、稻秸等叶纤维。马尼拉麻强度高，伸长率低，其湿强高于干强，密度为 1.45 g/cm³，回潮率约 11.1%。马尼拉麻耐海水腐蚀性强，适于作船用缆绳等。历史上，优质马尼拉麻曾被制成底拖网、用作大规格网衣使用。剑麻主要有西沙尔麻、马盖麻和堪特拉麻等。此外，植物纤维中还有稻秸、棕榈和竹篾等材料，这些材料绝大多数用来制造绳索，但在特定情况下也可以加工为渔具。植物纤维的腐烂对渔网产生的副作用是增加了劳力消耗和生产成本。为提高渔用植物纤维绳网的抗腐力，渔民、院所校企专家、纺织工程人员等对植物纤维绳网的防腐处理进行了长期研究，已开发了很多防腐方法，如丹宁加重铬酸钾法和重金属盐防腐法等，这对延长植物纤维绳网的使用寿命起了一定的作用。但实践证明，渔用植物纤维绳网存在很多不足，如防腐处理仅能延缓植物纤维的腐烂，而不能阻止腐烂，使用寿命短。为达到理想的防腐效果，不同的植物纤维，需用不同的防腐剂进行处理。渔用植物纤维绳网的防腐处理成本较高，渔民难以接受。此外，渔用植物纤维绳网的防腐处理对其力学性能有一定的影响，这将进一步影响渔具的作业效果等。

取自动物的毛发或分泌液的纤维称为动物纤维。动物纤维包括丝纤维、毛纤维。由昆虫的丝腺分泌物形成的纤维称为丝纤维，如桑蚕丝、柞蚕丝、蓖麻蚕丝、蜘蛛丝等，曾在渔业上使用的丝纤维为桑蚕丝。桑蚕丝主要用于织制各类丝织面料。在日本，丝纤维中桑蚕丝网衣曾被用于特殊的渔具，但价格昂贵，因此目前它很少用于制作渔具。动物纤维中的毛纤维不适合用作渔用材料，因此，相关研究较少。

19世纪末之前，人类主要认知和使用的渔用纤维为天然纤维，在当时历史条件下，天然纤维对渔业的发展和进步起到了积极作用，并为推动人类的进步发挥了重要作用。天然纤维渔具存在许多缺点，如植物纤维渔具使用寿命短、丝纤维渔具价格昂贵等，这为渔业生产带来了许多不利。目前，除了渔具、绳索、网线等还使用少量麻、棕、草，其他渔用材料已很少采用天然纤维。但是，在全球海洋环境保护面临挑战的今天，天然纤维依然有望在一些特殊捕捞渔具、养殖设施等装备上发挥重要作用，值得我们深入研究。

（2）化学纤维

深远海养殖等领域用化学纤维主要指合成纤维。合成纤维的命名，以化学组成为主，并形成学名及缩写代码；以商用命名为辅，形成商品名或俗名。国内合成纤维以"纶"命名，属商品名，但命名依据比较混杂。涤纶和维纶是国外商品名的谐音；锦纶是因中国最初生产地在锦州而得名，丙纶、氯纶和偏氯纶均以其化学组成得名。这些技术名词表示了不同纤维类别的组成物质，各种合成纤维名词的缩写代号是国际通用的。凡是以天然的或合成的高聚物以及无机物为原料，经过人工加工制成的纤维状物体，统称为化学纤维。从19世纪90年代黏胶纤维问世以来，化学纤维已经过了100余年的发展历程。今天化学纤维在科学技术上所取得的进展大大超过天然纤维，出现了许多新品种，如改性涤纶、高强丙纶、耐磨维纶、耐高温芳纶、发光纤维、熔纺UHMWPE单丝、中高分子量聚乙烯（以下简称"MMWPE"或"MHMWPE"）单丝等。现在，化学纤维既是满足和丰富人民生活所需，又是经济建设中其他领域不可缺少的重要材料，其他领域包括捕捞、建筑、航天、航空、军事、深远海养殖和深远海养殖围栏等。

化学纤维按来源和习惯分为合成纤维、再生纤维和无机纤维三大类。以石油、煤、天然气及一些农副产品为原料制成单体，经化学合成为高聚物纺制的纤维称为合成纤维，合成纤维特别适宜制作绳网材料。如果说这些合成纤维的出现极大地丰富了纤维的种类与用途，那么，合成纤维在渔业上的应用推广则成为现代渔业的一次重要革命；这主要是由于合成纤维具有不会腐烂的显著特性。合成纤维对大规模捕捞业、水产养殖业与小规模集体渔业等均显示出相同的优越性。50多年来，为适应渔业技术的迅猛发展，合成纤维广泛应用于渔业生产中。在日益发展的渔业中，天然纤维几乎完全被合成纤维所取代。生产合成纤维的资源非常丰富，煤和石油的蕴藏量及其产量很大，为大力发展合成纤维工业提供了丰富的原料来源。合成纤维的种类很多，目前常用的合成纤维主要有聚烯烃类纤维、聚酰胺类纤维和聚酯类纤维（表3-1）。

表 3-1 合成纤维形态、代号、单体和商品名

类别	化学名称	形态			代号	单体	国内商品名	国外商品名
		长丝	短纤维	裂膜纤维				
聚烯烃类纤维	聚乙烯纤维	▲	×	※	PE	乙纶	乙纶	Pylen, Vectra, Platilon, Vestolan, Polyathylen
	聚丙烯纤维	▲	※	▲	PP	丙纶	丙纶	Polycaissis, Meraklon, Prolene, Pylon
	聚乙烯醇纤维	▲	▲	×	PVAL	维纶	维纶	Vinylon, Kuralon, Vinal, Vinol
	聚氯乙烯纤维	▲	▲	×	PVC	氯纶	氯纶	Leavil, Valren, Voplex, PCU
	聚偏二氯乙烯纤维	▲	×	×	PVDC	偏氯纶	偏氯纶	Saran, Permalon, Krehalon
聚酰胺类纤维	聚酰胺 6 纤维	▲	▲	×	PA6	锦纶 6	锦纶 6	Nylon6, Capron, Chemlon, Perlon, Chadolan
	聚酰胺 66 纤维	▲	▲	×	PA66	锦纶 66	锦纶 66	Nylon66, Arid, Wellon, Hilon
聚酯类纤维	聚对苯二甲酸乙二酯纤维	▲	※	×	PET	涤纶	涤纶	Dacron, Telon, Teriber, Terlon, Lavsan, Terital

注："▲"为是；"×"为否；"※"为可能，但不常用。

PA1010、腈纶（PAN）、氟纶（PTFE）、锦环纶（PACM）、维氯纶（PVAC）、过氯纶（CPVC）、聚对苯二甲酸丁二醇酯（PBT）纤维和聚对苯二甲酸丙二醇酯（PTT）纤维等合成纤维在渔业上应用很少，液体 PTFE 可用作网箱防污涂料用功能填料。无机纤维是指以天然无机物或含碳高聚物纤维为原料，经人工抽丝或直接碳化制成的无机纤维，如玻璃纤维、金属纤维、陶瓷纤维和碳纤维，无机纤维中的金属纤维可用于渔网生产加工等。

（3）渔用纤维新材料

现行水产行业标准《渔具材料基本术语》（SC/T 5001—2014）中尚无渔用新材料的定义，综合国务院发布的《新材料产业标准化工作三年行动计划》、全国水产标准化技术委员会渔具及渔具材料分技术委员会部分委员代表意见、材料学高校部分专家建议、专著教材（如《渔业装备与工程合成纤维绳索》《绳网技术学》《深远海养殖技术》《深远海生态围栏养殖技术》《渔具材料与工艺学》）等文献资料，建议将"渔用新材料"定义为"那些新出现或已在发展中的、具有传统材料所不具备的优异性能和特殊功能的、用来制造渔具的材料"；建议将"深远海（网箱）新材料"定义为"那些新出现或已在发展中的、具有传统材料所不具备的优异性能和特殊功能的、用来制造深远海（网箱）的材料"；建议将"渔用纤维新材料"定义为"那些新出现或已在发展中的、具有传统材料所不具备的优异性能和特殊功能的、用来制造渔具的纤维材料"；建议将"深远海养殖绳网用纤维新材料"定义为"那些新出现或已在发展中的、具有传统材料所不具备的优异性能和特殊功能的、用来制造深远海养殖绳网的纤维材料"。在渔用新材料术语相关标准发布实施前，上述定义可作为"深远海（网箱）新材料""深远海养殖绳网用纤维新材料"等新材料评定的依据。

渔用新材料技术是按照人的意志，通过物理研究、材料设计、材料加工、试验评价等一系列研究过程，创造出能满足渔业生产需要的新型材料的技术。渔用纤维新材料的研发与应用为合成纤维绳索的升级换代发挥了重要作用。纤维新材料的研发与应用丰富了纤维材料的品种，为新型绳网的研发及升级换代奠定了重要基础。新材料技术的发展，助力世界上出现了多种渔用纤维新材料，如 UHMWPE 纤维、碳纤维、聚芳酯纤维、高强度渔用聚乙烯材料、陶瓷纤维、可生物降解纤维、高性能玻璃纤维、MMWPE 单丝及其改性单丝新材料、熔纺 UHMWPE 单丝及其改性单丝新材料等。表 3-2 列出了部分渔用纤维新材料技术。

表 3-2　渔业纤维新材料技术

名称	纺丝方法	商品名	断裂强度 / ($cN \cdot dtex^{-1}$)
UHMWP 纤维	凝胶纺丝超拉伸	Dyneema、Spectra、九九久等	25~39.3
PPTA 纤维	液晶纺丝	Kevlar，Twaron，Technora	19.4~23.9
聚芳酯纤维	液晶纺丝	Vectran	22.7
碳纤维	湿法纺丝、碳化	Torayca	12.3~38.8
生物降解防污网	特种降解工艺	生物降解防污网	—
高性能生物降解绳网	特种降解工艺	—	—
熔纺 UHMWPE 单丝及其改性单丝	特种纺丝工艺	超高（强）（聚乙烯）（改性）单丝、美标高分子等	≥ 14.0
MMWPE 单丝及其改性单丝或	特种纺丝工艺	中高（强）（聚乙烯）（改性）单丝	≥ 8.6
MHMWPE 单丝及其改性单丝	—	—	—

　　自 2000 年以来，东海所石建高研究员课题组联合淄博美标高分子纤维有限公司、东莞市方中运动制品有限公司等单位根据我国纤维材料的现状，以特种组成原料与熔纺设备为基础，采用特种纺丝技术，研制性价比高、适配性优势明显且易在我国渔业装备与工程技术生产中推广应用的高性能纤维新材料。石建高研究员等学者将上述特定的（渔用）高性能单丝新材料命名为（渔用）MMWPE 单丝及其改性单丝新材料、（渔用）熔纺 UHMWPE 单丝及其改性单丝新材料等。此外，石建高研究员课题组联合东莞市方中运动制品有限公司等单位，采用新材料技术开发出生物降解防污网、生物降解捕捞网等生物降解绳网，相关技术的熟化及产业化推广应用引领了我国降解材料技术、防污技术的创新发展，并为开发降解渔具、防污网具等提供科技支撑。因上述（渔用）高性能纤维新材料具有性能好、性价比高的特点，其应用前景非常广阔。东海所石建高研究员课题组联合相关单位开展了 UHMWPE 纤维、碳纤维、PPTA 纤维、（渔用）MHMWPE 单丝新材料等纤维材料理论与技术研究，部分材料在绳网、养殖网箱、养殖围栏等领域实现产业化应用，取得了令人瞩目的技术效果，石建高研究员因此获"绳网科技突出贡献奖""深远海超大型生态围栏杰出贡献奖"等荣誉称号。上述研究成果参见《捕捞与渔业工程装备用网线技术》《捕捞渔具准入配套标准体系研究》《深远海网箱养殖技术》《深远海生态围栏养殖技术》等。

二、纤维共性、表征与特性

1. 纤维共性

目前，深远海养殖领域用纤维主要为合成纤维，其最大优点是耐腐和经久耐用，即具有一定的抗腐蚀性和抗菌性。上述特性特别适合于制作绳网材料。合成纤维制造的深远海养殖设施不需要进行防腐处理和定期晒干，这可节省劳动力和降低成本。某些合成纤维还具有较好的物理机械性能，如强度大、弹性好、密度小，吸水性低（有的不吸水）、表面光滑、滤水性好等优点。用合成纤维制成网箱的养殖效果也明显优于植物纤维网箱，如用 UHMWPE 纤维制成的深远海养殖网箱，可有效抵御台风等恶劣天气，深远海养殖的安全性也因此大幅度提高。诚然，合成纤维应用于渔业也存在一些缺点，例如，某些合成纤维在打结及湿态下的强力降低；某些合成纤维的抱合力差、渔网结稳定性差，加工后必须经拉伸、热定型处理。因此，急需在现有合成纤维的基础上，改性或研发新型材料，以提高合成纤维的综合性能，并进一步提高深远海养殖设施的安全性及其抗风浪流性能。

2. 纤维表征

纤维的结构是纤维的固有特征，是纤维的本质属性。不同的纤维具有不同的理化性质，其决定着纤维各自的使用特性，而产生和保持这种特性的根本原因在于纤维自身的结构。纤维结构的内涵，既可以是纤维表层或表面结构与组成，又可以是纤维内部的组织结构与成分；不但可以深入微观的分子组成与形式，而且可以大到纤维本身的宏观整体形貌。这些结构基本单元的相互作用及排列形式是影响纤维各项性质的内在原因。因此，人们在探索合成纤维的基本特性，选用、改进和研发材料时，对合成纤维结构的认识和了解变得极为重要。作为合成纤维，客观上有一定的基本特征要求。在宏观形态上要求合成纤维具有一定的长度和细度，以及较高的长径比。在微观分子排列上，要求有一定的取向和结晶，以提高合成纤维必要的轴向强度；并具有较好的侧向作用力（即分子间的作用力），以保持合成纤维形态的相对稳定。纤维的结构特征可以用取向度、取向度分布、结晶度和结晶区分布等基本参数来表征。

取向度的理论定义是指纤维大分子链节与纤维轴的平行程度，是一个平均值，其以分子链节轴与纤维轴夹角的统计均方值的大小来表示，最经典的表达式为 Hermans 取向因子，以公式（3-1）表示

$$f = \frac{1}{2}\left(3\overline{\cos^2\theta} - 1\right) = 1 - \frac{3}{2}\overline{\sin^2\theta} \qquad (3-1)$$

式中，f——取向因子；

　　　2θ——衍射角。

取向度的高低主要影响纤维的模量和强伸性。晶区的分布既可以在整个纤维尺度上，又可以在几个分子宽度上的分布。上述分布涉及结晶颗粒或晶区的大小，晶区与非晶区的过渡程度，以及晶格的形式与组合。

取向度分布是指纤维分子在纤维径向各层或在纤维长度方向各段的取向度，尤其是前者的实际意义更为重要。聚合度反映纤维大分子单基构成的个数，其与纤维的相对分子质量有关，直接影响分子链的长度以及纤维体的强度。

结晶度是指纤维中结晶部分占纤维整体的比例，是建立在两相结构理论基础上的。在理论上，结晶度可分为体积结晶度 X_v 和质量结晶度 X_W，可按公式（3–2）和公式（3–3）进行计算

$$X_v = V_c/V = (\rho - \rho_a)/(\rho_c - \rho_a) \tag{3–2}$$

式中，X_v——体积结晶度；

　　　V_c——结晶部分的体积；

　　　V——纤维的整体体积；

　　　ρ——纤维的整体密度；

　　　ρ_a——纤维的无序区密度；

　　　ρ_c——纤维的结晶区密度。

$$X_W = W_c/W = (1/\rho_a - 1/\rho)/(1/\rho_a - 1/\rho_c) \tag{3–3}$$

式中，X_W——质量结晶度；

　　　W_c——结晶部分的质量；

　　　W——为纤维的整体质量；

　　　ρ——纤维的整体密度；

　　　ρ_a——纤维的无序区密度；

　　　ρ_c——纤维的结晶区密度。

3. 渔用普通合成纤维主要特性

深远海养殖领域用纤维主要为合成纤维，其主要特性直接关系到深远海养殖渔具的安全性、综合性能、使用效果及其使用寿命。下面对渔用普通合成纤维（如聚酰胺纤维、聚乙烯纤维和聚丙烯纤维等）的主要特性进行概述。

（1）聚酰胺纤维

锦纶是我国聚酰胺纤维的商品名。它是制作绳网、捕捞渔具、养殖设施（如

PA 网衣已成功应用于温州白龙屿栅栏式堤坝围栏网具工程、某深远海养殖用防磨系统）等的重要材料。锦纶的品种很多，我国的锦纶品种有聚酰胺 6 纤维、聚酰胺 66 纤维和聚酰胺 666 纤维等。PA 纤维分子间的相互作用和微细结构如图 3-1 所示。普通 PA 纤维一般具有以下主要特性：①染色性良好，可使用酸性染料；②弹性高，伸长度大，耐多次变形的性能好，因此其制品能耐受冲击载荷；③短时间内能耐高热（200℃时不变化），但在长时间受热后，其强度会降低；④吸湿性较小，标准回潮率为 4%~4.5%，浸湿后纤维不但不收缩，反而会伸长 1%~3%；在日光下曝晒过久，纤维会变质，断裂强度降低；⑤密度为 1.14 g/cm³；断裂强度和耐磨性在普通合成纤维中较好（普通 PA 纤维断裂强度为 4~ 6 g/D，高强 PA 纤维强度可达 5.3~7.9 g/D），是一种较为理想的合成纤维；该类纤维浸水后，强度要降低 10%~15%，打结后强力降低 10% 等。

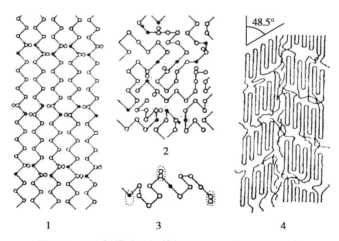

图 3-1　PA 纤维分子间的相互作用和微细结构示意

1. 结晶部分　2. 无定形部分　3. 横向联结分子链　4. 缨状片晶结构

（2）聚乙烯纤维

乙纶是我国聚乙烯纤维的商品名。它是聚乙烯绳网的重要材料，目前在我国渔用纤维材料中用量最大。乙纶在深远海养殖用防磨系统中有一定的应用。PE 纤维的晶格结构如图 3-2 所示。普通 PE 纤维一般具有以下主要特性：①耐酸碱性良好，在强酸碱中该纤维强度几乎不降低。②断裂强度为 4.4~7.9 cN/dtex，湿态下强度不变。③耐磨性好，耐光性较差，用紫外线照射，强度有一定的下降。④一般制成单丝状，有一定柔挺性，不必做特殊处理即可使用，表面光滑，制成的捕捞渔具或养殖网箱的滤水性好、水阻力小。⑤耐低温，不耐高温，在 115~125℃时软化；125~140℃时熔化；100℃时纤维收缩 5%~10%，强度损失 60%，一般在 80℃以下作

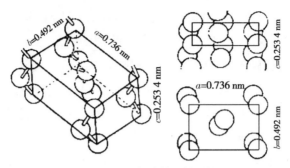

图 3-2　PE 纤维的晶格结构

业环境中使用。⑥密度为 0.96 g/cm³，是合成纤维中密度较小的一种；吸湿性极小，标准回潮率小于 0.01%，以 PE 纤维制成的网具质量较轻（有利于生产作业中的操作）等。

（3）聚丙烯纤维

丙纶是我国聚丙烯纤维的商品名。它在养殖网箱、捕捞渔具或渔用绳网上的用量小于乙纶、锦纶和涤纶等渔用纤维。PP 纤维分子螺旋结构及其球晶照片如图 3-3 所示。普通 PP 纤维一般具有以下主要特性：①有良好的耐磨性和耐酸碱性；②吸湿性极小，标准回潮率为 0.1%；③密度为 0.91 g/cm³，是渔用普通合成纤维中最轻的材料；④耐光性和染色性较差，低温（0℃以下）下呈脆性，其熔点为 170℃；⑤断裂强度范围一般为 4.4~11.5 N/dtex 等。

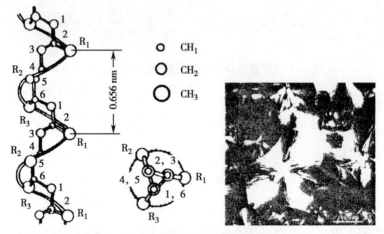

图 3-3　PP 纤维分子螺旋结构及其球晶照片

（4）聚酯纤维

涤纶是我国聚酯纤维的商品名。它是制作养殖网箱、捕捞渔具或渔用绳网的重要材料。PET 纤维的结晶与原纤结构如图 3-4 所示。普通 PET 纤维一般具有以下

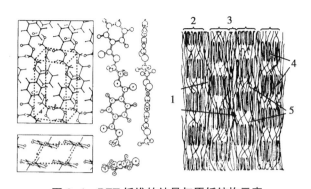

图 3-4　PET 纤维的结晶与原纤结构示意

1. 晶区伸展链　2. 微原纤　3. 伸展链区　4. 结晶区　5. 无序区

主要特性：①耐酸性强，且不受单宁和煤焦油的破坏，湿态下网结不易滑动。②强度较高，浸水后强度不发生变化，具有良好的耐磨性和耐冲击性能。③密度较大（1.38 g/cm³），制成的网箱箱体、捕捞渔具、绳网材料有较快的沉降速度。④吸湿性很小，标准回潮率仅为 0.4%；浸水后既不收缩亦不伸长，渔业生产环境下能保持网箱箱体或捕捞渔具等网具尺寸的稳定性；但其染色性差。⑤弹性较好，伸长度较小，表面光滑，水阻力小，脱水也快，有利于提高渔业生产效率；耐热性和耐光性能良好，日光对其强度的影响较小等。

（5）聚乙烯醇纤维

维纶（也称"维尼纶"）是我国聚乙烯醇纤维的商品名。它是制作养殖用网帘或渔用绳网的重要材料，其在渔业上的用量明显小于乙纶、锦纶和涤纶。PVAL 纤维多呈短纤维，制成的绳网表面有茸毛，打结不易松动和滑脱；20 世纪 80 年代初期，我国开始使用 PVAL 牵切纱和 PE 单丝混合捻制成绳网线，主要用于藻类养殖用网帘（如紫菜养殖网）。目前，PVAL 纤维在网箱上应用很少。PVAL 纤维单元晶胞结构如图 3-5 所示。普通 PVAL 纤维一般具有以下主要特性：①密度为 1.21~1.30 g/cm³。②较柔软，易染色；制成的网具需进行油染处理以提高网具硬度；染色时有明显收缩。③吸湿性比其他合成纤维都大；其标准回潮率为 5%；完全浸水后吸水量可达 30%，这对渔具的使用和操作有一定的影响；耐光性能良好，在日光下长期曝晒，强度几乎不降低。④耐热性差；热缩性和缩水性都较大，干温下比湿温下有较小的收缩和较高的耐温性；经过热处理要收缩 9% 左右，再经油染又收缩 4%，下水后还要收缩 2%，合计收缩近 15%。⑤在干态下有较高的强度，其强度一般为 2.6~5.3 cN/dtex，最高可达 5.3~7.1 cN/dtex；但在湿态下，强度要降低 15%~20%，伸长度增加 20%~40%，打结后强度将损失 40% 以上等。

（6）聚偏二氯乙烯纤维

偏氯纶是我国聚偏二氯乙烯纤维的商品名。它曾是制作绳网的一种材料，过去

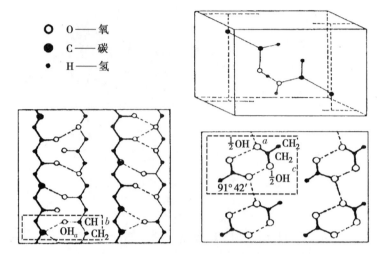

图 3-5　PVAL 纤维单元晶胞结构示意

在日本使用较多。目前，PVDC 纤维在网箱上应用很少。普通 PVDC 纤维一般具有以下主要特性：①有良好的柔韧性；②耐燃性和耐腐性良好；③吸湿性极小，脱水快，易染色；④密度大（1.65~1.75 g/cm³），可用作制造沉降较快的网具或绳网材料，如历史上它们曾用于制造定置渔具等；⑤耐光性差，曝晒后易变黑色，长时间放置在高温下会引起化学变化，软化点 115℃，在 145℃ 时会显著收缩，用 PVDC 纤维制成的渔具应避免曝晒等。

（7）聚氯乙烯纤维

氯纶是我国聚氯乙烯纤维的商品名。它是世界渔业中应用最早的一种合成纤维，曾是制作渔具、绳网的一种重要材料。目前，PVC 纤维在养殖网箱、捕捞渔具或渔用绳网上应用很少。普通 PVC 纤维一般具有以下主要特性：①耐光性较佳，耐燃性好。②表面光滑，在水中不膨胀，干湿态弹性和伸长几乎相等。③耐热性差，在 70~75℃ 温度下即开始收缩，在沸水中的收缩率高达 50%。④强度比其他合成纤维都低，打结后强度降低很大，且耐磨性差，现代渔业中很少用于绳网制造；历史上，人们曾用它来制作钓线、渔用绳索等。⑤密度大（1.35~1.4 g/cm³），耐酸、耐腐蚀和耐各种溶剂的能力特别强，国外曾用它制作定置渔具等。

4. 渔用纤维新材料

随着新材料技术的发展，人们发明了熔纺 UHMWPE 改性单丝新材料等多种渔用纤维新材料（见表 3-2）。因上述渔用纤维新材料具有性能好或性价比高等特点，其应用前景非常广阔。近年来，在国家自然科学基金（31972844，31872611）、工业和信息化部高技术船舶科研项目（半潜式养殖装备工程开发）、2020 年省级促进（海洋）经济高质量发展专项资金（粤自然资合〔2020〕016 号）

等各类科技项目的支持下，东海所石建高研究员课题组联合相关单位开展了渔用纤维材料理论与技术研究 / 渔网性能综合技术研究，部分渔用纤维新材料在绳网、养殖网箱、养殖围栏、捕捞渔具等领域上实现产业化应用，取得了令人瞩目的技术效果。

（1）聚芳酯纤维

图 3-6　Vectran 纤维产品

聚芳酯纤维是一种高强度聚酯纤维，由日本可乐丽公司于 20 世纪 90 年代推出，并实现工业化生产，其品种有 Vectran HT、Vectran HM 和 Vectran NT 等（图 3-6）。Vectran 纤维的强度约为普通聚酯的 6 倍，与金属纤维的强度相当，且材料质轻，不吸收水分，耐低温特性强，在超低温下不会结冰。Vectran 纤维已在航天产业中获得了很多应用。在 1997 年进行的 NASA 火星探测中，采用 Vectran 纤维制成气囊，以使火星探测器在着陆时减缓精密仪器受到的冲击。2003 年日本发射的宇宙飞船也采用"Vectran"纤维。Vectran 纤维突出优点是强度与模量与 PPTA 纤维处于同一水平，而在湿态下的强度保持率为 100%，吸湿性为 0，蠕变及干 / 湿态熟化处理后的收缩率皆为 0，在干热和湿热处理后的强度保持率优于 PPTA 纤维。Vectran 纤维的耐磨性、耐切割性、耐溶剂和耐酸碱性、振动吸收性和耐冲击周期性等都优于 PPTA 纤维，具有自熄性，燃烧时熔滴，耐候性类似于 PPTA 纤维。Vectran 纤维的密度为 1.41~1.42 g/cm³，强度为 20.3~25.5 cN/dtex。Vectran 纤维的种类有长丝纱、初纺纱、芯鞘纱和短切纤维。Vectran 纤维优异的综合性能使其应用领域越来越广泛，规格品种也越来越丰富。Vectran 纤维主要用于吊带、绳索、钓鱼线、帘子线和缝合线等，是一种优异的渔用新材料。随着 Vectran 纤维材料产量的增加，人们已将少量 PPTA 纤维应用于渔业生产，如利用其强度高、振动吸收性好和耐冲击周期性好等特征，制作了 Vectran 钓鱼线。未来，Vectran 纤维材料有望在深远海养殖领域获得推广应用。

（2）熔纺 UHMWPE 单丝与熔纺 UHMWPE 改性单丝

在国家支撑课题"节能降耗型远洋渔具新材料研究示范及标准规范制修订"等项目的支持下，东海所石建高研究员课题组联合淄博美标高分子纤维有限公司等单位开展了渔用新（型）材料的研发及其应用示范，以特种组成原料（如 UHMWPE 粉末等原料）与特种熔纺设备为基础，采用特种纺丝技术，研制结节强度高、性价比高、适配性优势明显，且在我国渔业、过滤网等领域中推广应用前景好的高性能熔纺 UHMWPE 单丝新材料。因其综合性能好，熔纺 UHMWPE 单丝与熔纺 UHMWPE

改性单丝新材料（图 3-7）推广应用前景非常广阔。未来，熔纺 UHMWPE 单丝与熔纺 UHMWPE 改性单丝新材料有望在深远海养殖领域获得推广应用。

图 3-7　熔纺 UHMWPE 单丝与熔纺 UHMWPE 改性单丝新材料

（3）改性 PP 纤维

2008—2010 年，在东海所"改性聚丙烯纤维新材料及其渔用性能研究"项目资助下，石建高研究员课题组通过改性技术研发出改性 PP 纤维新材料，并对其结构与性能进行研究。部分改性 PP 纤维新材料测试结果如表 3-3 所示，试验结果表明，用适量的 PE 可以改善 PP 的力学性能。改性 PP 纤维新材料及其渔用性能研究有助于缩短我国与发达国家的差距、丰富渔用材料品种、提升渔用材料质量、改进渔用材料性能、延长使用寿命并扩大 PP 纤维材料在渔业上的应用范围，为深远海养殖业的可持续发展提供技术支持与储备。未来，改性 PP 纤维新材料有望在深远海养殖领域获得推广应用。

表 3-3　改性 PP 纤维新材料测试结果

样品序号	线密度 / （tex）	断裂强度 / （cN·dtex）	结节强度 / （cN·dtex）	伸长率 / （%）
1	54	5.64	4.84	17.9
2	50	6.37	4.50	15.9
3	43	7.90	4.36	14.7
4	39	8.12	4.47	13.5
5	41	7.01	4.19	12.9
6	41	6.75	3.67	12.0
7	36	7.35	4.94	12.8

（4）可生物降解纤维

可生物降解纤维是由可生物降解聚合物纺制而成的纤维。在环境保护备受关注的今天，可生物降解纤维材料已成为世界各国研究的热点。可生物降解纤维材料是指受到自然界的生物（如细菌、真菌、藻类等）侵蚀后，可以完全降解的纤维材料。经过40多年的发展，由于其性能缺陷或成本过高，大多数可生物降解纤维的应用仍局限于医疗和园艺领域，只有少量性能优良、成本较低的可生物降解纤维的应用拓展到了渔业、建筑、餐饮等领域。国际上已开发了不少可生物降解纤维产品，其中，纤维素纤维、甲壳质类纤维、聚羟基链烷酸酯纤维和聚乳酸纤维是研究的热点。可生物降解纤维是一种负责任捕捞用新材料。现有渔具材料基本上采用合成纤维，如果刺网网具或笼具（如蟹笼）丢失，那么它们就会成为海上"幽灵杀手"（若刺网丢失，一些海洋生物会不断地刺挂在丢失的网衣上；而笼具遗失在海底，也会继续进行捕捞），上述"幽灵捕捞"对渔业资源和生态环境会产生负面影响。随着可生物降解纤维材料成本的降低，人们已将少量可生物降解纤维应用于渔业生产，其中包括聚碳链类纤维在网线、渔网和绳索等方面的应用。在渔业上，人们利用聚碳链类纤维强度高、可生物降解性好等特征，制作了可生物降解网线、渔网和绳索等。1997年，日本Kuraray公司开始试销商品名为"Kuralon-Ⅱ"的新型高强度PVA纤维，其强度约15 cN/dtex，用高皂化度的Kuralon-Ⅱ纤维，可纺制高强纤维，用作网线、渔网和绳索等。近年来，日本三河纤维技术中心与岐阜大学协作开发出一种添加剂，在聚乳酸和聚丁烯化合物中加入该添加剂后，可熔融纺丝制成高强度纤维，其强度与目前使用的渔用聚乙烯网材料的强度相同。该纤维可用于制作网线、渔网和绳索等，将其埋在地下或是扔到海里，5年之后可完全分解。若是投入到堆肥中，7天内便可分解。该可生物降解纤维材料的应用，成为研制可降解渔具的重要基础，并将取得较好的负责任捕捞效果。为了防止或减轻"幽灵捕捞"，东海所石建高研究员课题组目前正联合东莞市方中运动制品有限公司等单位在可生物降解纤维绳网、拖网和网箱等方面开展相关研发工作，已取得一些突破性的进展。如项目组共同开展深海淀粉生物降解捕捞网新材料合作研究及应用示范，采用特种技术对淀粉生物降解基材进行了物理改性及化学生成，在特种工艺条件下，增大熔融原料的分子量和黏度、扩大和控制其分子量分布的宽度曲线，开发出高强、高韧、耐老化且具有良好适配性的可降解纤维绳网新材料，并获得相关发明专利（图3-8）。

海洋污损生物种类繁多，网箱等养殖设施防污问题是世界性的难题。近年来，东海所石建高研究员团队联合东莞市方中运动制品有限公司等又开展深海淀粉生物降解防污网新材料合作研究及其应用示范，通过分子设计等特种技术，合成具有广

图 3-8　深海淀粉生物降解捕捞网纺丝生产线

谱活性的防污化合物，其生物活性随着物料密度的增大、强度的提升而渗出缓慢，从而达到增加防污用品使用寿命的目的，开发出环保型深海淀粉生物降解防污网。从 2016 年至今，项目组进行了深海淀粉生物降解防污网的挂片试验，以验证材料的防污效果与降解性能。试验结果表明，在某些海区，项目研发的深海淀粉生物降解防污网样品 8 个月无附着（图 3-9），而防污化合物慢释完毕后，3~5 个月深海淀粉生物降解防污网样品便被海洋微生物分解，完全达到项目组设计的"防污 + 生物降解"效果。深海淀粉生物降解捕捞网及深海淀粉生物降解防污网等国内外相关项目的研发、技术熟化与产业化应用有望解决困扰捕捞渔业的"幽灵捕捞"问题、养殖设施防污难题，助力现代渔业可持续健康发展，有望引领渔用新材料的蓝色革命。

图 3-9　深海淀粉生物降解防污网海上防污试验

（5）超高分子量聚乙烯纤维

超高分子量聚乙烯纤维是国际三大特种纤维之一，其强度是钢的 15 倍，具有耐切割、抗冲击、防腐蚀等特性，市场前景广阔，广泛应用于军事、民用领域。根据国际通行标准，超高分子量聚乙烯通常可以缩写为 UHMWPE。UHMWPE 纤维于 20 世纪 70 年代由英国利兹大学的 Capaccio 和 Ward 首先研制成功。1979 年，荷兰的帝斯曼（DSM）公司高级顾问 Pennings、Smith 等正式发表了用凝胶纺丝法制成 UHMWPE 纤维的研究成果，取得了世界首个凝胶纺丝工艺专利。从 1990 年开始，帝斯曼公司在荷兰生产商品名为"Dyneema"的高性能聚乙烯纤维。1985 年，美国 Allied Signal（现为 Honeywell，霍尼韦尔）公司购买了帝斯曼公司的专利权并加以技术改进，将帝斯曼公司的十氢萘溶剂改为矿物油溶剂，开发出商品名为"Spectra"的 HMPE 纤维，其强度和模量均超过了杜邦公司的对位芳纶 Kevlar。此后，日本东洋纺（Toyobo）公司与帝斯曼公司合作生产 Dyneema 纤维。自 20 世纪 80 年代开始，日本三井（Mitsui）石化公司以石蜡为溶剂，采用凝胶挤压超倍拉伸技术研制和生产商品名为"Tekmilon"的 UHMWPE，其纺丝浓度高达 20%~40%，但残余石蜡不易清除，纤维蠕变相对较大，近年来有所改进。目前，国外 UHMWPE 纤维主要生产商为荷兰帝斯曼、美国霍尼韦尔和日本东洋纺三家公司。UHMWPE 纤维具有高强度、高模量、低伸长、低密度、耐腐蚀、耐紫外线、抗冲击、传热快、比热容大、介电损耗低、透波率高等特点，强度达 25 cN/dtex 以上，在国内被称为"21 世纪纤维"，并且在实际使用中不需要任何保护措施，因此，UHMWPE 纤维是优异的新材料之一。

UHMWPE 纤维的生产加工方式采用凝胶纺丝法（又称"冻胶纺丝法"），主要有两种工艺技术路线，一种是以帝斯曼和东洋纺公司工艺为代表的干法纺丝法，即以高挥发性溶剂（多为十氢萘）与 UHMWPE 粉体充分混合溶解，纺丝原液自喷丝孔挤出后使十氢萘气化逸出，得到干态凝胶原丝，对纤维进行热牵伸成形，干法纺丝法简称干纺。干纺工艺为一步纺，溶剂直接回收，无须经过连续多级萃取剂萃取、热空气干燥、溶剂与大量萃取剂的分离回收等流程，生产速度较高。此工艺的主要问题在于溶剂十氢萘的价格相对较高。另一种是以霍尼韦尔等公司工艺为代表的湿法纺丝法，即采用低挥发性溶剂（矿物油、白油等）生产加工 UHMWPE 纺丝原液，纺丝原液自喷丝孔挤出后进入水浴或水与乙二醇等的混合浴中，凝固得到含低挥发性溶剂的湿态凝胶原丝，一般该丝条要放置 24 h 以上，然后冻胶丝条经过萃取、烘干、拉伸形成高强纤维。湿法纺丝法简称"湿纺法"。湿纺工艺为两步纺，纺丝速度低，工艺流程复杂，萃取剂损耗量较大，对环境污染较为严重。

我国 UHMWPE 纤维主要生产商有江苏九九久科技有限公司（以下简称"九九久公司"）、浙江千禧龙纤特种纤维股份有限公司、中国石化仪征化纤有限责任公司等。除中国石化仪征化纤有限责任公司外，目前其他公司的 UHMWPE 纤维生产线均采用湿法纺丝法。以九九久公司生产的九九久纤维为例，简要说明如下。九九久公司是国家火炬计划重点高新技术企业，建有江苏省工程技术研究中心、江苏省企业技术中心、江苏省企业院士工作站等研发平台；公司 UHMWPE 纤维产能位于全球第一，是 UHMWPE 纤维全球专业化生产工厂。UHMWPE 纤维产品于 2012 年投产，2019 年年底总产能达 12 000 t/a。目前，九九久公司的相关技术工艺路线也是比较成熟的湿法纺丝路线，而且从配料、纺丝到脱溶剂、热拉伸处理以及溶剂回收处理等各个阶段，都有自主专利技术。九九久公司的 UHMWPE 纤维规格包括 20 D、50 D、100 D、200 D、300 D、350 D、400 D、800 D、1 200 D 和 1 600 D 等；按用途划分为防切割专用丝、防弹用丝、家纺用丝、有色丝、渔网线丝、绳网粗旦丝等。九九久公司的 UHMWPE 纤维综合性能优越，其中，400 D 的 UHMWPE 纤维强度 ≥ 32 cN/dtex，模量大于 1 100 cN/dex，断裂伸长率 ≤ 3.5%，含油 ≤ 0.1%；某些型号的 UHMWPE 纤维强度高达 42 cN/dtex 以上，细旦丝强度更高。九九久公司与著名院所企业团队（如东海所石建高团队）合作，为客户提供纤维绳网技术及其产业化生产应用服务，引领了我国渔用 UHMWPE 纤维技术的升级。随着国内 UHMWPE 纤维生产企业不断增多和产能持续增大，竞争态势也在不断升级。虽然 UHMWPE 纤维在全球范围内仍属于稀缺物资，但国内产能的持续增长也给市场带来较大压力。目前，国内 UHMWPE 纤维主要应用于安全防护、布料和绳网等领域，其应用技术已经相对成熟，但在其他复合材料领域中与国际相比还有较大差距。

随着深远海养殖等领域的发展，UHMWPE 纤维将会得到更为广泛的应用。UHMWPE 纤维绳索一般由 UHMWPE 纤维复丝制成，其特性为断裂强度高、伸长度小、自重轻、耐磨耗、特柔软和易操作等，因而在安全防护领域首先得以应用。随着 UHMWPE 纤维材料的批量生产，UHMWPE 纤维材料的售价逐步降低，它已逐步应用到渔业、海工、军事、航空和航天等领域。虽然 UHMWPE 纤维绳索在海洋渔业或其他海洋工程上的应用时间不长，但在欧美、日本等世界上许多渔业发达国家，它已成为渔业或海洋工程管理者最易于接受的新材料之一，有关国家还积极从事该领域的基础理论研究和海上试验。

从 2000 年起，东海所石建高研究员课题组在"水产养殖高新技术开发研究""深水网箱箱体用高强度绳网的研发与示范""超高分子量聚乙烯纤维在渔业等领域应用推广服务""渔网综合性能研究"等项目的资助下，携手山东爱地高分子材料有限公司、浙江千禧龙纤特种纤维股份有限公司、山东鲁普耐特集团有限公司等单位开展了 UHMWPE 纤维绳网标准化研究、渔用 UHMWPE 纤维绳网的研发与示范，成功制修订了 UHMWPE 纤维绳网相关标准（包括国家标准、行业标准），并开发出周长 200 m 的特力夫纤维超大型深海网箱、大型生态养殖围栏等水产养殖设施及其绳网材料，大大提高了 UHMWPE 纤维绳网标准化水平、水产养殖设施的抗风浪性能与安全性，引领了我国水产养殖设施的绳网技术升级（图 3-10）。展望未来，UHMWPE 纤维材料将会在深远海养殖领域获得更广泛的应用，其产业前景非常广阔。

图 3-10　UHMWPE 纤维及其相关水产养殖设施

除上述渔用新纤维外，国内外还开展了特种合金丝、PP/PE 共混裂膜纤维、高强度渔用聚乙烯材料、Technora 纤维、Twaron 纤维等纤维新材料的研发与应用，促进渔业技术的创新和渔业经济的发展（图 3-11）。渔用新纤维新材料前景广阔，但任重道远，值得我们花大力气开展相关研发与示范应用。

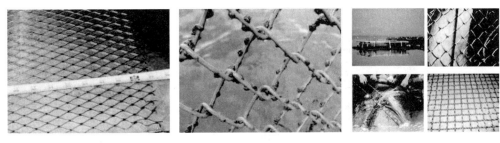

图 3-11　特种合金丝及其海上应用

第二节　深远海养殖用超高分子量
聚乙烯纤维测试技术

超高分子量聚乙烯纤维是国际三大特种纤维之一，是制作绳网及其养殖设施的重要材料，在渔业中可用于网衣、网纲、箱体和系泊缆等。目前，UHMWPE 绳网在深远海养殖领域绳网材料中用量最大。本节概述渔用 UHMWPE 纤维的测试技术。

一、测试内容及其标准

渔用 UHMWPE 纤维测试内容主要包括检验方式及其样本数，检验项目，检验仪器与被测参数，检验方法，测试样品和检验仪器的检查，电源、环境条件要求以及检验异常处理办法，检验结果判断方法等。

目前，我国尚无渔用超高分子量聚乙烯纤维国家标准或行业标准，现行渔用 UHMWPE 纤维测试标准可参考《超高分子量聚乙烯纤维》（GB/T 29554—2013）。该标准规定了超高分子量聚乙烯纤维的分类和标记、要求、试验方法、检验规则、标志、包装、运输和贮存等。该标准适用于线密度范围在 55~6 650 dtex 的超高分子量聚乙烯纤维。线密度低于 55 dtex 或高于 6 650 dtex 的超高分子量聚乙烯纤维可参照使用。随着 UHMWPE 纤维技术的发展，现行《超高分子量聚乙烯纤维》国家标准急需修订，以满足现代渔业、民用和国防军工等领域的发展需要。

二、检验方式及其样本数

1. 抽样检验

样品由检验机构或质量监督机构抽取。样品应在生产单位、销售单位已经检验合格的产品中随机抽取。特殊情况下也允许在生产线的终端、已经检验合格的产品中随机抽取。同一生产线、同一批原材料、同一工艺、连续稳定生产的同一规格的产品为一批。

渔用 UHMWPE 纤维取样方法应按《超高分子量聚乙烯纤维》标准中 7.1.2 条的规定执行（表 3-4）。特殊情况下，经合同双方同意，也可按《化学纤维　长丝取样方法》（GB/T 6502—2008）等其他规定执行。断裂强度、初始模量、断裂伸长率、断裂强度变异系数的测定按《高强化纤长丝拉伸性能试验方法》（GB/T 19975—2005）规定执行，按表 3-4 规定抽取样品后进行检验。对一批样品测试，当产品标准没有规定取样数量时，可以取实验室样品 10 个，每个样品测试 5 次，共测试 50 次。对一个卷装样品测试，每个卷装测试 10 次（表 3-4）。

表 3-4　卷装样品抽样表及其批量试验总次数

批量大小 / 卷	抽样数量 / 卷	合格判定数 / 卷	不合格判定数 / 卷	批量实验室卷装样品断裂强度、初始模量、断裂伸长率、断裂强度变异系数测定时的试验总次数 / 次	批量实验室卷装样品线密度测定时的试验总次数 / 次
3~25	3	0	1	30	≥ 20
26~50	8	0	1	80	≥ 20
50~280	13	1	2	130	26
281~500	20	1	2	200	40
501~1 200	32	2	3	320	64
1 201~3 200	50	3	4	500	100
3 201~10 000	80	5	6	800	160
10 001~35 000	125	7	8	1 250	250
35 001 及其以上	200	10	11	2 000	400

注：线密度测定时，散件实验室样品，每个卷装试验 2 次以上，且每批样品的试验总次数不低于 20 次；批量实验室样品，每个卷装试验 2 次。

线密度的测定按《化学纤维　长丝线密度试验方法》（GB/T 14343—2008）规定执行；当采用绞纱法时，不同规格名义线密度所采用的试验长度如表 3-5 所示；当采用单根法时，每个试验长度为（1.000 ± 0.001）m。试验次数如下：

——散件实验室样品，每个卷装试验 2 次以上，且每批样品的试验总次数不低于 20 次（表 3-4）；

——批量实验室样品，每个卷装试验 2 次（表 3-4）；

——除规定的实验室样品卷装数，对确定为 95% 置信区间时，当置信区间半宽值与线密度算术总平均值的差异超过 ± 1.5%，需按《化学纤维　长丝线密度试验方法》中附录 C 规定增加卷装数。

表 3-5　不同规格名义线密度所采用的试验长度

名义线密度 /dtex	试验长度 /m
≤ 500	100
≤ 2 000	50
>2 000	10

渔用 UHMWPE 纤维含油率的测定按《化学纤维　含油率试验方法》（GB/T 6504—2017）规定执行。渔用 UHMWPE 纤维含油率的测定取样规定如下：

——散件实验室样品和试样按需取出，不得低于 50 g；

——批量样品中实验室样品和试样抽取按《超高分子量聚乙烯纤维》（GB/T 29554—2013）中 7.1.2 条的规定执行（特殊情况下，经合同双方同意，也可按《化学纤维　长丝取样方法》标准等执行）；

——不要抽取在运输途中意外受潮、污染、擦伤或包装已经打开的包装件。

2. 委托检验

样品由非检验机构或质量监督机构抽取。样品数量同上述抽样检验。

三、检验项目、检验仪器与被测参数

1. 检验项目

渔用 UHMWPE 纤维检验项目包括断裂强度、初始模量、断裂伸长率、断裂强度变异系数、线密度偏差率、含油率。

2. 检验仪器与被测参数

仪器名称、型号、准确度、量程、分辨力与被测参数大小、数据取值精度如表 3-6 所示。

四、检验方法

1. 检验系统框图

检验系统框图如图 3-12 所示。每一检测项目对一种产品有效检测 10 次，取其平均数。选用称重衡器时需要详细阅读衡器操作规程，使用强力试验机时需要详细阅读强力试验机操作规程。

2. 数据处理

每个样品按相关标准规定进行测试，然后计算算术平均值。断裂强度、初始模量、断裂伸长率、断裂强度变异系数、线密度偏差率、含油率数据处理如表 3-7 所示。测试数据尾数修约按国家标准《数值修约规则与极限数值的表示和判定》（GB/T 8170—2016）执行。

表3-6 通用UHMWPE纤维检验仪器与被测参数

仪器名称、型号	准确度	量程	分辨力	被测参数大小	数据取值精度
INSTRON 4466型强力试验机或其他强力试验机	满足断裂强度、初始模量、断裂伸长率、断裂强度变异系数检验要求	0~500 N 0~10 000 N	0.001 N 0.1 N	断裂强度 15~35 cN/dtex 初始模量 29~112 GPa 断裂伸长率 G ± 1.0% 断裂强度变异系数 ≤ 8.0%	三位有效数字
JA2003N 电子天平或其他天平	满足线密度称量检验要求	0~200 g	1 mg	线密度偏差率 ± 6.0%	2 mg
萃取法： 脂肪抽出器、烘箱、天平、恒温水浴锅、称量容器、干燥器 中性皂液洗涤法： 试样袋、量容器、天平、烘箱、实验室离心机、带加热器的洗槽或超声波洗槽、干燥器	满足含油率检验要求			参见国家标准 GB/T 6504	

注：G 指名义断裂伸长率，由生产企业给出。

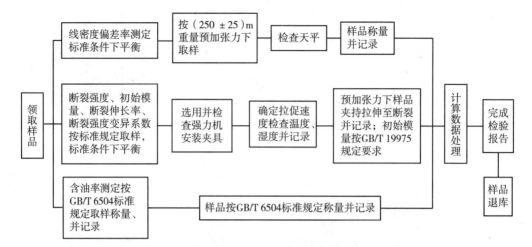

图 3-12   渔用 UHMWPE 纤维检验系统框图

表 3-7   数据处理

序号	项目		单位	数据处理
1	断裂强度		cN/dtex	小数点后一位
			MPa	整数
2	初始模量		cN/dtex	整数
			GPa	整数
3	断裂伸长率		%	小数点后一位
4	断裂强度变异系数		%	小数点后一位
5	线密度偏差率		%	小数点后一位
6	含油率	无油剂纤维	%	小数点后一位
		含油剂纤维	%	小数点后一位

五、测试样品和检验仪器的检查

检验前对受检样品检查项目包括样品编号、材料、规格、数量以及样品平衡时间。检验前对检验仪器的检查项目包括检验用仪器的检定有效期、仪器的量程、分辨力等是否符合标准要求。按仪器操作规程，检查仪器的完好情况并作记录。检验用主要仪器设备为天平（如对某型号电光分析天平，可检查水平位置，保证水准泡在中心位置；接通电源，指示灯应亮，调整天平零点，光学读数框内显示的零点与"0"线重合）、强力机（使用量程、夹具使用、夹具间距、拉伸速度、各显示部分是否正常工作及零位）。检验后对仪器的检查项目包括检验结束时仪器各控制部分及操作部件是否正常，检查并记录。仪器各运动部件复原至起始位置。检验后对样品的检查项目包括检验过程中是否有非检验要求的意外损坏，有无结转其他检验部门继续检测的要求，多余的样品按顺序退库。

六、电源、环境条件要求以及检验异常处理办法

1. 电源与环境条件要求

电子传感器式强力机、空气压缩机等加装稳压电源，保持电压稳定。综合试验室控制温度为（20±2）℃，相对湿度为 62%~68%。样品检验前、检验中、检验后应经常检查温度、湿度数据并作记录。

2. 检验异常处理办法

受检样品损坏，应及时报告并妥善处理，允许使用备用样品重新进行检验。首次测量超标或测量结果离散太大，应复查仪器使用情况、量程选择、操作规程，若未发现问题则数据有效；当发现问题时应向主管领导汇报，经同意视具体情况进行处理或重新检测。检验过程中发生停电、停水或其他非人力可避免的自然灾害，应及时通知有关部门，待恢复正常后，继续检验。由于仪器故障而中断检验的，排除故障后，方可继续检验。以上情况对检验中断前检验结果有影响时，恢复正常后，应重新检验，原数据作废；中断原因对此前检验结果没有影响时，原数据有效，恢复检验后只对未检验项目进行检验。

七、检验结果判断方法

对于断裂强力、初始模量与断裂伸长率检验项目，若渔用 UHMWPE 纤维样品断于夹钳处或未断于结节处，其断裂强力、初始模量与断裂伸长率测定结果无效。检验判定依据《超高分子量聚乙烯纤维》（GB/T 29554—2013）标准，将单项检验实测值与标准值比较，达到标准值则判定该项目合格，达不到标准值判定为不合格；监督抽查或统检的产品，按下达任务时批准的抽查方案中的规定进行判定。抽样检验，检验结果对该批产品有效；委托检验，检验结果仅对委托样品有效。复验时，测试程序与原标准测试程序相同。

第三节　渔用聚乙烯单丝测试技术

渔用聚乙烯单丝是重要的绳网基体材料，目前在我国渔业中用量最大。乙纶单丝是我国聚乙烯单丝的商品名。聚乙烯单丝在深远海养殖业中可制作捕捞养成鱼类网具、连接网具、挡流网具、防磨网具以及各类连接用绳索等。本节主要概述渔用

聚乙烯单丝的测试技术。

一、测试内容及其标准

渔用聚乙烯单丝测试内容主要包括检验方式及其样本数，检验项目、检验仪器与被测参数，检验方法，测试样品和检验仪器的检查，电源、环境条件要求以及检验异常处理办法和检验结果判断方法等。

现行渔用聚乙烯单丝测试标准为《渔用聚乙烯单丝》（SC/T 5005—2014）。该标准规定了渔用聚乙烯单丝的术语和定义、产品标记、技术要求、试验方法、检验规则、标志、包装、运输和贮存。该标准适用于以高密度聚乙烯为原料制成的直径为0.16~0.24 mm 的渔用聚乙烯单丝。有关渔用聚乙烯单丝的物理机械性能也可参考该标准。《渔用聚乙烯单丝》标准已经超过 6 年，急需进行修订，以满足现代渔业的发展需求。

二、检验方式及其样本数

样品由检验机构或质量监督机构抽取。样品应在生产单位、销售单位已经检验合格的产品中随机抽取，特殊情况下也允许在生产线的终端、已经检验合格的产品中随机抽取。同一品种、同一规格、同一等级的产品为一批，抽样数如表 3-8所示。

表 3-8　组批与样品数

产品名称	组批规定重量 /kg	每批抽样数		每批复试抽样数	
		开包 /（箱、袋）	样品数 /（筒、绞）	开包 /（箱、袋）	样品数 /（筒、绞）
渔用聚乙烯单丝	5	5	10	10	20

三、检验项目、检验仪器与被测参数

1. 检验项目

渔用聚乙烯单丝检验项目包括外观、直径、线密度、断裂强度、断裂伸长率、单线结强度。

2. 检验仪器与被测参数

仪器名称、型号、准确度、量程、分辨力与被测参数大小、数据取值精度如表3-9所示。

表 3-9　检验仪器与被测参数

仪器名称、型号	准确度	量程	分辨力	被测参数大小	数据取值精度
外径千分尺	满足直径检验要求	0~25 mm	0.01 mm	直径 0.18~0.22 mm	0.01 mm
JA2003N 电子天平或其他天平	满足线密度称量检验要求	0~200 g	1 mg	0.031~0.040 g	2 mg
INSTRON 4466 型强力试验机或其他强力试验机	满足断裂强度、断裂伸长率、单线结强度检验要求	0~500 N 0~10 000 N	0.001 N 0.1 N	断裂强力 16.1~21.8 cN 单线结强力 11.2~15.2 cN 断裂伸长率 14%~26%	三位有效数字

四、检验方法

1. 检验系统框图

检验系统框图如图 3-13 所示。每一检测项目对一种产品的有效检测次数如表 3-8 所示，取其平均数。选用称重衡器时需要详细阅读衡器操作规程，使用强力试验机时需要详细阅读强力试验机操作规程。

2. 数据处理

每个样品按规定测试后，计算算术平均值。渔用聚乙烯单丝直径精确到 0.01 mm；线密度、断裂强度、断裂伸长率、单线结强度精确到小数点后一位；测试数据尾数修约按国家标准《数值修约规则与极限数值的表示和判定》（GB/T 8170—2016）执行。

五、测试样品和检验仪器的检查

参见第二节相关内容。

六、电源、环境条件要求以及检验异常处理办法

1. 电源与环境条件要求

电子传感器式强力机、空气压缩机等加装稳压电源，保持电压稳定。综合试验室控制温度为（20±2）℃，相对湿度为 60%~70%。样品检验前、检验中、检验后应经常检查温度、湿度数据并作好记录。

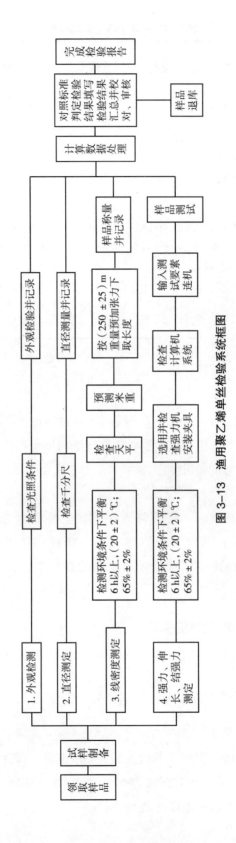

图 3-13　渔用聚乙烯单丝检验系统框图

2. 检验异常处理办法

参见第二节相关内容。

七、检验结果判断方法

对于强力与伸长检验项目，若渔用聚乙烯单丝样品断于夹钳处或未断于结节处，其断裂强力与断裂伸长率、单线结强力测定结果无效。检验判定依据《渔用聚乙烯单丝》（SC/T 5005—2014）标准，将单项检验实测值与标准值比较，达到标准值则判定该项目合格，达不到标准值判定为不合格；监督抽查或统检的产品，按下达任务时批准的抽查方案中的规定进行判定。抽样检验，检验结果对该批产品有效；委托检验，检验结果仅对委托样品有效。复验时，测试程序与原标准测试程序相同。

第四节　渔用聚酰胺纤维测试技术

锦纶是我国聚酰胺纤维的商品名，也称尼龙单丝。锦纶是制作绳网、捕捞渔具、养殖设施等的重要材料。锦纶的品种很多，我国的锦纶品种有 PA6 纤维、PA66 纤维等。聚酰胺单丝在深远海养殖业中可用于防磨网具，而在休闲渔业中可用于钓线等。聚酰胺复丝纤维在深远海养殖业中可用于绳网、网具和系泊缆等。截至目前，我国渔业领域仅有《聚酰胺单丝》（GB/T 21032—2007）国家标准，尚无渔用聚酰胺复丝纤维标准。本节分别概述聚酰胺单丝与聚酰胺复丝纤维的测试技术。

一、聚酰胺单丝测试技术

1. 测试内容及其标准

聚酰胺单丝测试内容主要包括检验方式及其样本数，检验项目、检验仪器与被测参数，检验方法，测试样品和检验仪器的检查，电源、环境条件要求以及检验异常处理办法，检验结果判断方法等。

现行聚酰胺单丝测试标准为《聚酰胺单丝》（GB/T 21032—2007）。该标准规定了聚酰胺单丝的分类与标记、技术条件、试验方法、检验规则、标志、包装、运输、贮存等要求。该标准适用于以聚酰胺为原料、经纺丝制成的直径为 0.10~3.00 mm 的单丝。有关聚酰胺单丝的物理机械性能也可参考该标准。《聚酰胺单丝》标准的颁布已经超过 13 年，急需进行修订，以满足现代渔业的发展需求。

2. 检验方式及其样本数

（1）抽样检验

样品由检验机构或质量监督机构抽取。样品应在生产单位、销售单位已经检验合格的产品中随机抽取，特殊情况下也允许在生产线的终端、已经检验合格的产品中随机抽取。同一品种、同一规格、同一等级的产品为一批，抽样数如表 3-10 所示。回潮率的抽样及其试验次数按《化学纤维　回潮率试验方法》（GB/T 6503—2017）的规定执行。低分子物含量的抽样及其试验次数按《聚己内酰胺切片和纤维中低分子物含量的测试方法》（GB/T 6509—2005）的规定执行。

表 3-10　试样取样与试验次数

项目	取样数 / 卷	取样长度 /（m/ 卷）	试验总次数 / 次
线密度	10	≥ 3	1
断裂强力及断裂伸长率	10	≥ 3	30
单线结强力	10	≥ 3	30
回潮率	按《化学纤维　回潮率试验方法》（GB/T 6503—2017）的规定执行		
低分子物含量	按《聚己内酰胺切片和纤维中低分子物含量的测试方法》（GB/T 6509—2005）的规定执行		

（2）委托检验

样品由检验机构或质量监督机构抽取。样品数量应符合表 3-10 的规定。线密度和力学性能样本生产加工时，每个样品由距一端或结头处 15 m 以外取样，取 1.3 m 无结头丝 30 根作为检测样本。回潮率和低分子物含量的抽样及其试验次数按相关标准规定执行。

3. 检验项目、检验仪器与被测参数

（1）检验项目

聚酰胺单丝检验项目包括外观、直径、线密度、断裂强力、断裂伸长率、单线结强力、回潮率、低分子物含量。

（2）检验仪器与被测参数

仪器名称、型号、准确度、量程、分辨力与被测参数大小、数据取值精度如表 3-11 所示。

表 3–11 检验仪器与被测参数

仪器名称、型号	准确度	量程	分辨力	被测参数大小	数据取值精度
微米千分尺	满足直径检验要求	0~25 mm	0.001mm	直径 0.10~3.00 mm	0.001 mm
JA2003N 电子天平或其他天平	满足线密度称量检验要求	0~200 g	1 mg	质量 0.018~40 g	2 mg
INSTRON 4466 型强力试验机或其他强力试验机	满足断裂强力、单线结强力、断裂伸长率检验要求	0~500 N 0~10 000 N	满刻度 ±0.01% 示值 ±0.5%	断裂强力 4.4~3 500 N 单线结强力 3.9~200 N 断裂伸长率 $\varepsilon d \pm 10\%$	三位有效数字
TL–02 型链条加码天平或其他天平	满足回潮率检验要求	0~200 g	10 mg	40~200 g	10 mg
FA2004N 电子天平或其他天平	满足低分子物含量测定检验要求	0~200 g	0.1 mg	10 g 加瓶子重量	0.1 mg

注：ε_d 为生产与使用方合同指标。

4. 检验方法

（1）检验系统框图

检验系统框图如图 3–14 所示。低分子试样取样与试验次数如表 3–10 所示，测试结果取其平均数。选用称重衡器时需要详细阅读衡器操作规程，使用强力试验机时需要详细阅读强力试验机操作规程。

（2）数据处理

试样取样与试验次数如表 3–10 所示，测试结果取其平均数。聚酰胺单丝直径计算到小数点后第三位，修约到第二位；线密度计算到小数点后第一位，修约到整数位；直径 0.80~3.00 mm，计算到小数点后第一位，修约到整数位；断裂强力、单线结强力直径 0.10~0.70 mm，计算到小数点后第二位，修约到第一位；断裂伸长率计算到小数点后第二位，修约到第一位；回潮率、低分子物含量计算到小数点后第三位，修约到第二位。断裂强度、单线结强度精确计算到小数点后一位。测试数据尾数修约按国家标准《数值修约规则与极限数值的表示和判定》（GB/T 8170—2016）执行。

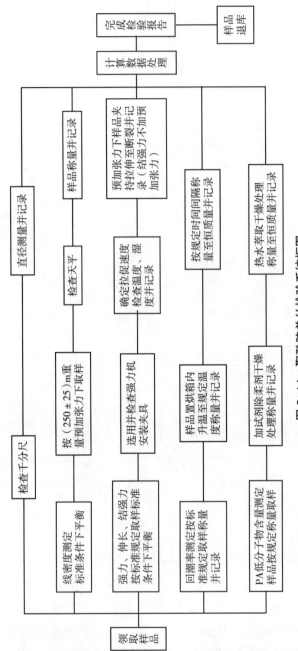

图 3-14 聚酰胺单丝检验系统框图

5. 测试样品和检验仪器的检查

参见第二节相关内容。

6. 电源、环境条件要求以及检验异常处理办法

（1）电源与环境条件要求

电子传感器式强力机、空气压缩机等加装稳压电源，保持电压稳定。综合试验室控制温度为（20±2）℃，相对湿度为63%~67%。样品检验前、检验中、检验后应经常检查温度、湿度数据并作好记录。

（2）检验异常处理办法

参见第二节相关内容。

7. 检验结果判断方法

对于强力与伸长检验项目，若聚酰胺单丝样品断于夹钳处或未断于结节处，其断裂强力与断裂伸长率、单线结强力测定结果无效。检验判定依据《聚酰胺单丝》（GB/T 21032—2007）标准，将单项检验实测值与标准值比较，达到标准值则判定该项目合格，达不到者为不合格；监督抽查或统检的产品，按下达任务时批准的抽查方案中的规定进行判定。抽样检验，检验结果对该批产品有效；委托检验，检验结果仅对委托样品有效。复验时，测试程序与原标准测试程序相同。

二、聚酰胺复丝纤维测试技术

1. 测试内容及其标准

聚酰胺复丝纤维测试内容主要包括检验方式及其样本数，检验项目、检验仪器与被测参数，检验方法，测试样品和检验仪器的检查，电源、环境条件要求以及检验异常处理办法，检验结果判断方法等。

我国目前尚无渔用聚酰胺复丝纤维国家标准或行业标准，测试标准可参考《渔用聚丙烯纤维通用技术要求》（SC/T 4042—2018）、《化学纤维　长丝线密度试验方法》（GB/T 14343—2008）、《合成纤维长丝拉伸性能试验方法》（GB/T 14344—2008）等相关标准。有关渔用聚酰胺复丝纤维的物理机械性能按双方合同约定或相关技术规范等。

2. 检验方式及其样本数

样品由检验机构或质量监督机构抽取。样品应在生产单位、销售单位已经检验合格的产品中随机抽取，特殊情况下也允许在生产线的终端、已经检验合格的产品中随机抽取。同一品种、同一规格、同一等级的产品为一批。聚酰胺复丝纤维取样方法按《化学纤维　长丝取样方法》（GB/T 6502—2008）的规定执行。断裂强度、初始模量、断裂伸长率、断裂强度变异系数的测定按《化学纤维　长丝拉伸

性能试验方法》（GB/T 14344—2008）规定执行，可按标准规定抽取样品进行检验。聚酰胺复丝纤维线密度的测定按《化学纤维　长丝线密度试验方法》（GB/T 14343—2008）规定执行；当采用绞纱法时，不同规格名义线密度所采用的试验长度如表 3-12 所示；当采用单根法时，每个试验长度为（1.000+0.001）m。试验次数如下：

——散件实验室样品，每个卷装试验 2 次以上，且每批样品的试验总次数不低于 20 次；

——批量实验室样品，每个卷装试验 2 次；

——除规定的实验室样品卷装数，对确定为 95% 置信区间时，当置信区间半宽值与线密度算术总平均值的差异超过 ±1.5%，需按《化学纤维　长丝线密度试验方法》（GB/T 14343—2008）中附录 C 规定增加卷装数。

表 3-12　不同规格聚酰胺复丝纤维名义线密度所采用的试验长度

名义线密度 /dtex	试验长度 /m
≤ 500	100
≤ 2 000	50
> 2 000	10

聚酰胺复丝纤维回潮率的抽样及其试验次数按《化学纤维　回潮率试验方法》（GB/T 6503—2017）的规定执行。

聚酰胺复丝纤维委托检验时，样品由非检验机构或质量监督机构抽取；样品数量同上述抽样检验。

3. 检验项目、检验仪器与被测参数

（1）检验项目

聚酰胺复丝纤维检验项目包括外观、线密度、断裂强度、断裂伸长率、单线结强度、回潮率。

（2）检验仪器与被测参数

仪器名称、型号、准确度、量程、分辨力与被测参数大小、数据取值精度如表 3-13 所示。

表 3-13　检验仪器与被测参数

仪器名称、型号	准确度	量程	分辨力	被测参数大小	数据取值精度
JA2003N 电子天平或其他天平	满足线密度称量检验要求	0~200 g	1 mg	质量 0.018~40 g	2 mg
INSTRON 4466 型强力试验机或其他强力试验机	满足断裂强力、单线结强力、断裂伸长率检验要求	0~500 N 0~10 000 N	满刻度 ±0.01% 示值 ±0.5%	断裂强力、单线结强力、断裂伸长率应符合相关标准、合同或规范要求	三位有效数字
TL-02 型链条加码天平或其他天平	满足回潮率检验要求	0~200 g	10 mg	40~200 g	10 mg

4. 检验方法

（1）检验系统框图

检验系统框图如图 3-15 所示。每一检测项目对一种产品的有效检测次数可参考《渔用聚丙烯纤维通用技术要求》（SC/T 4042—2018）、《化学纤维　回潮率试验方法》（GB/T 6503—2017）、《化学纤维　长丝线密度试验方法》（GB/T 14343—2008）、《化学纤维　长丝拉伸性能试验方法》（GB/T 14344—2008）等相关标准，结果取其平均数。选用称重衡器时需要详细阅读衡器操作规程，使用强力试验机时需要详细阅读强力试验机操作规程。

（2）数据处理

数据处理可参考《渔用聚丙烯纤维通用技术要求》（SC/T 4042—2018）、《化学纤维　回潮率试验方法》（GB/T 6503—2017）、《化学纤维　长丝线密度试验方法》（GB/T 14343—2008）、《化学纤维　长丝拉伸性能试验方法》（GB/T 14344—2008）等相关标准的规定。测试数据尾数修约按国家标准《数值修约规则与极限数值的表示和判定》（GB/T 8170—2016）执行。

5. 测试样品和检验仪器的检查

参见第二节相关内容。

6. 电源、环境条件要求以及检验异常处理办法

（1）电源与环境条件要求

电子传感器式强力机、空气压缩机等加装稳压电源，保持电压稳定。综合试验室控制温度为（20±2）℃，相对湿度为 63%~67%。样品检验前、检验中、检验后应经常检查温度、湿度数据并作好记录。

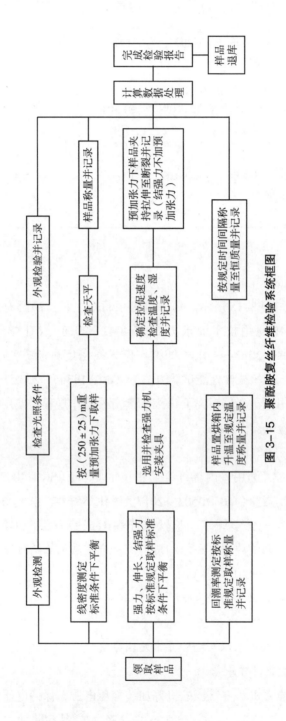

图 3-15　聚酰胺复丝纤维检验系统框图

（2）检验异常处理办法

参见第二节相关内容。

7. 检验结果判断方法

对于强力与伸长检验项目，若聚酰胺复丝纤维样品断于夹钳处或未断于结节处，其断裂强力与断裂伸长率、单线结强力测定结果无效。检验判定依据相应的合同或相关技术规范等。将单项检验实测值与合同或相关技术规范等规定值比较，达到标准值则判定该项目合格，不达标准值判定为不合格；监督抽查或统检的产品，按下达任务时批准的抽查方案中的规定进行判定。抽样检验，检验结果对该批产品有效；委托检验，检验结果仅对委托样品有效。复验时，测试程序与原标准测试程序相同。

第五节　渔用聚丙烯纤维测试技术

丙纶是聚丙烯纤维的商品名。它在网箱与渔网领域的用量小于乙纶、锦纶和涤纶等纤维。渔用聚丙烯纤维主要包括聚丙烯单丝、扁丝和复丝纤维。渔用聚丙烯纤维是制作绳索的重要材料，在深远海养殖业中可用于锚绳和连接绳等。本节概述渔用聚丙烯纤维的测试技术。

一、测试内容及其标准

聚丙烯纤维测试内容主要包括检验方式及其样本数，检验项目、检验仪器与被测参数，检验方法，测试样品和检验仪器的检查，电源、环境条件要求以及检验异常处理办法，检验结果判断方法等。

现行聚丙烯纤维测试标准为《渔用聚丙烯纤维通用技术要求》（SC/T 4042—2018）。该标准规定了渔用聚丙烯纤维的标记、要求、测定方法、检验规则、标志、包装、运输与贮存的有关要求。该标准适用于以聚丙烯原料制成的渔用聚丙烯单丝、扁丝和复丝纤维。其他聚丙烯纤维可参照使用。

二、检验方式及其样本数

1. 抽样检验

样品由检验机构或质量监督机构抽取。样品应在生产单位、销售单位已经检验合格的产品中随机抽取，特殊情况下也允许在生产线的终端、已经检验合格的产品中随机抽取。相同工艺制造的同一原料、同一规格、同一工艺的渔用聚丙烯纤维为一批，但每批重量不超过 5 t。同批渔用聚丙烯纤维产品随机抽样 10 筒（绞），按技术要求进行检验。每批渔用聚丙烯纤维试样直径、线密度、断裂强度、断裂伸长率和单线结强度试验次数应符合表 3-14 规定。

表 3-14　每批渔用聚丙烯纤维试验次数

项目	筒（绞）数 / 筒	每筒（绞）测试数 / 次	总次数 / 次
线密度 /（tex）	10	1	10
断裂强度 /（cN/dtex）	10	1	10
断裂伸长率 /（%）	10	1	10
单线结强度 /（cN/dtex）	10	1	10

2. 委托检验

样品由非检验机构或质量监督机构抽取。样品数量同上述抽样检验。

三、检验项目、检验仪器与被测参数

1. 检验项目

渔用聚丙烯纤维检验项目包括外观、线密度、断裂强度、断裂伸长率、单线结强度。

2. 检验仪器与被测参数

仪器名称、型号、准确度、量程、分辨力与被测参数大小、数据取值精度如表 3-15 所示。

表 3-15　检验仪器与被测参数

仪器名称、型号	准确度	量程	分辨力	被测参数大小	数据取值精度
JA2003N 电子天平或其他天平	满足线密度称量检验要求	0~200 g	1 mg	0.031~0.040 g	2 mg
INSTRON 4466 型强力试验机或其他强力试验机	满足断裂强度、断裂伸长率、单线结强度检验要求	0~500 N 0~10 000 N	0.001 N 0.1 N	断裂强力 16.1~21.8 cN 单线结强力 11.2~15.2 cN 断裂伸长率 14%~26%	三位有效数字

四、检验方法

1. 检验系统框图

检验系统框图如图 3-16 所示。每一检测项目对一种产品有效检测 10 次，取其

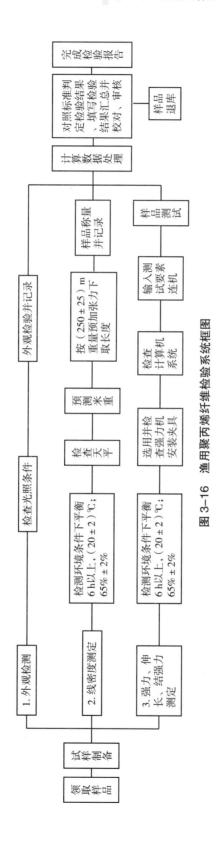

图 3-16　渔用聚丙烯纤维检验系统框图

平均数。选用称重衡器时需要详细阅读衡器操作规程，使用强力试验机时需要详细阅读强力试验机操作规程。

2. 数据处理

每批渔用聚丙烯纤维试样取 10 个样品进行测试，然后计算算术平均值；线密度、断裂强度、断裂伸长率、单线结强度数据处理如表 3-16 所示。测试数据尾数修约按国家标准《数值修约规则与极限数值的表示和判定》（GB/T 8170—2016）执行。

表 3-16　数据处理

序号	项目	数据处理
1	线密度偏差率 /（%）	整数
2	断裂强度 /（cN/dtex）	小数点后两位
3	单线结强度 /（cN/dtex）	小数点后两位
4	断裂伸长率 /（%）	整数

五、测试样品和检验仪器的检查

参见第二节相关内容。

六、电源、环境条件要求以及检验异常处理办法

1. 电源与环境条件要求

电子传感器式强力机、空气压缩机等加装稳压电源，保持电压稳定。综合试验室控制温度为（20±2）℃，相对湿度为 63%~67%。样品检验前、检验中、检验后应经常检查温度、湿度数据并作好记录。

2. 检验异常处理办法

参见第二节相关内容。

七、检验结果判断方法

对于强力与伸长检验项目，若渔用聚丙烯纤维样品断于夹钳处或未断于结节处，其断裂强力与断裂伸长率、单线结强力测定结果无效。检验判定依据标准《渔用聚丙烯纤维通用技术要求》（SC/T 4042—2018），将单项检验实测值与标准值比较，达到标准值则判定该项目合格，达不到标准值判定为不合格；监督抽查或统检的产品，按下达任务时批准的抽查方案中的规定进行判定。抽样检验，检验结果对该批产品有效；委托检验，检验结果仅对委托样品有效。复验时，测试程序与原标准测试程序相同。

第六节　聚酯纤维等其他渔用纤维材料测试技术

除了上述 UHMWPE 纤维、聚乙烯单丝、聚酰胺纤维、聚丙烯纤维，深远海养殖用纤维材料还包括聚酯纤维、芳纶纤维、铜合金丝、铝合金丝等。这些纤维材料在深远海养殖业中可用作锚绳、连接绳和网衣等。为方便叙述，我们将它们分为渔用合成纤维（如聚酯纤维、芳纶纤维）与金属合金线材（如铜合金丝、铝合金丝）两大类。本节分别概述渔用合成纤维与金属合金线材的测试技术。

一、聚酯纤维等渔用合成纤维测试技术

1. 测试内容及其标准

聚酯纤维等渔用合成纤维测试内容主要包括检验方式及其样本数，检验项目、检验仪器与被测参数，检验方法，测试样品和检验仪器的检查，电源、环境条件要求以及检验异常处理办法、检验结果判断方法等。

在水产领域，我国目前尚无聚酯纤维、芳纶纤维等合成纤维国家标准或行业标准，上述渔用合成纤维测试时可参考《化学纤维　长丝线密度试验方法》（GB/T 14343—2008）、《合成纤维长丝拉伸性能试验方法》（GB/T 14344—2008）、《渔用聚丙烯纤维通用技术要求》（SC/T 4042—2018）等相关标准。上述渔用合成纤维的物理机械性能按标准、合同或技术规范等要求。

2. 检验方式及其样本数

样品由检验机构或质量监督机构抽取。样品应在生产单位、销售单位已经检验合格的产品中随机抽取，特殊情况下也允许在生产线的终端、已经检验合格的产品中随机抽取。同一品种、同一规格、同一等级的产品为一批。聚酯纤维等渔用合成纤维取样方法按《化学纤维　长丝取样方法》（GB/T 6502—2008）执行。断裂强度、初始模量、断裂伸长率、断裂强度变异系数的测定按《化学纤维　长丝拉伸性能试验方法》（GB/T 14344—2008）执行，可按标准规定抽取样品进行检验。聚酯纤维等渔用合成纤维线密度的测定按《化学纤维　长丝线密度试验方法》（GB/T 14343—2008）规定执行；当采用绞纱法时，不同规格名义线密度所采用的试验长度如表 3-12 所示；当采用单根法时，每个试验长度为（1.000+0.001）m。试验次数如下：

——散件实验室样品，每个卷装试验 2 次以上，且每批样品的试验总次数不低于 20 次；

——批量实验室样品，每个卷装试验 2 次；

——除规定的实验室样品卷装数，对确定为 95% 置信区间时，当置信区间半宽值与线密度算术总平均值的差异超过 ±1.5%，需按《化学纤维　长丝线密度试验方法》（GB/T 14343—2008）中附录 C 规定增加卷装数。

聚酯纤维等渔用合成纤维委托检验时，样品由非检验机构或质量监督机构抽取；样品数量同上述抽样检验。

3. 检验项目、检验仪器与被测参数

（1）检验项目

聚酯纤维等渔用合成纤维检验项目包括外观、线密度、断裂强度、断裂伸长率、单线结强度、回潮率（可选项）。

（2）检验仪器与被测参数

仪器名称、型号、准确度、量程、分辨力与被测参数大小、数据取值精度如表 3-13 所示。回潮率为测试项目可选项，对吸湿性合成纤维可根据需要测试其回潮率；非吸湿性合成纤维不需要测试其回潮率。

4. 检验方法

（1）检验系统框图

检验系统框图如图 3-15 所示。每一检测项目对一种产品的有效检测次数可参考《渔用聚丙烯纤维通用技术要求》（SC/T 4042—2018）、《化学纤维　回潮率试验方法》（GB/T 6503—2017）、《化学纤维　长丝线密度试验方法》（GB/T 14343—2008）、《化学纤维　长丝拉伸性能试验方法》（GB/T 14344—2008）等相关标准，结果取其平均数。选用称重衡器时需要详细阅读衡器操作规程，使用强力试验机时需要详细阅读强力试验机操作规程。

（2）数据处理

数据处理可参考《渔用聚丙烯纤维通用技术要求》（SC/T 4042—2018）、《化学纤维　回潮率试验方法》（GB/T 6503—2017）、《化学纤维　长丝线密度试验方法》（GB/T 14343—2008）、《化学纤维　长丝拉伸性能试验方法》（GB/T 14344—2008）等相关标准的规定。测试数据尾数修约按国家标准《数值修约规则与极限数值的表示和判定》（GB/T 8170—2016）的规定执行。

5. 测试样品和检验仪器的检查

参见第二节相关内容。

6. 电源、环境条件要求以及检验异常处理办法

（1）电源与环境条件要求

电子传感器式强力机、空气压缩机等加装稳压电源，保持电压稳定。综合试验

室温度、湿度要求按《渔具材料试验基本条件　标准大气》（SC/T 5014—2002）规定执行。样品检验前、检验中、检验后应经常检查温度、湿度数据并作好记录。

（2）检验异常处理办法

参见第二节相关内容。

7. 检验结果判断方法

对于强力与伸长检验项目，若聚酯纤维等渔用合成纤维样品断于夹钳处或未断于结节处，其断裂强力与断裂伸长率、单线结强力测定结果无效。检验判定依据相应的合同或相关技术规范等。将单项检验实测值与合同或相关技术规范等规定值比较，达到规定值则判定该项目合格，达不到规定值判定为不合格；监督抽查或统检的产品，按下达任务时批准的抽查方案中的规定进行判定。抽样检验，检验结果对该批产品有效；委托检验，检验结果仅对委托样品有效。复验时，测试程序与原标准测试程序相同。

二、铜合金丝、铝合金丝等金属合金线材测试技术

1. 测试内容及其标准

铜合金丝、铝合金丝等金属合金线材测试内容主要包括检验方式及其样本数，检验项目、检验仪器与被测参数，检验方法，测试样品和检验仪器的检查，电源、环境条件要求以及检验异常处理办法，检验结果判断方法等。

在水产领域，我国目前尚无铜合金丝、铝合金丝等金属合金线材国家标准或行业标准，上述金属合金线材测试时可参考《铜及铜合金线材》（GB/T 21652—2017）、《线缆编织用铝合金线》（GB/T 24486—2009）等相关标准。上述金属合金线材的物理机械性能按标准、合同或技术规范等要求。

2. 检验方式及其样本数

样品由检验机构或质量监督机构抽取。样品应在生产单位、销售单位已经检验合格的产品中随机抽取，特殊情况下也允许在生产线的终端、已经检验合格的产品中随机抽取。同一品种、同一规格、同一等级的产品为一批。铜合金丝取样方法按《铜及铜合金线材》（GB/T 21652—2017）的规定执行。铝合金丝取样方法按《线缆编织用铝合金线》（GB/T 24486—2009）的规定执行。

对铜合金丝材料而言，仲裁试验时线材的化学成分测试方法按《铜及铜合金化学分析方法》（GB/T 5121—2018）的规定执行；线材尺寸测量时应用相应精度的测量工具进行测量；线材的室温力学性能按《有色金属细丝拉伸试验方法》（GB/T 10573—2020）（直径不大于 0.25 mm 的线材）、《金属材料　拉伸试验第 1 部分：

室温试验方法》（GB/T 2281—2010）（直径大于 0.25 mm 的线材）的规定执行；线材的洛氏硬度按《金属材料　洛氏硬度试验　第 1 部分：试验方法》（GB/T 230.1—2018）的规定执行；布氏硬度按《金属材料　布氏硬度试验　第 1 部分：试验方法》（GB/T 231.1—2018）的规定执行；维氏硬度按《金属材料　维氏硬度试验　第 1 部分：试验方法》（GB/T 4340.1—2009）的规定执行；线材的反复弯曲试验方法按《金属材料　线材　反复弯曲试验方法》（GB/T 238—2017）的规定执行；线材的扭曲试验方法按《金属材料　线材　第 1 部分：单向扭转试验方法》（GB/T 239.1—2012）的规定执行；线材的缠绕试验方法按《金属材料　线材　缠绕试验方法》（GB/T 2976—2020）的规定执行，线材的残余应力试验方法按《铜及铜合金加工材残余应力检验方法　氨薰实验法》（GB/T 10567.2—2007）的规定执行，线材的耐脱锌腐蚀性能试验方法按《黄铜耐脱锌腐蚀性能的测定》（GB/T 10119—2008）的规定执行，线材的断口试验方法按《铜、镍及其合金管材和棒材断口检验方法》（YS/T 336—2010）的规定执行，线材的表面质量用目视进行检验，线材的卷（轴）重量应用相应精度的测试工具进行测量；上述检测项目的样本数、试验次数按《铜及铜合金线材》（GB/T 21652—2017）标准规定执行。

对铝合金丝材料而言，线材的化学成分分析方法按《铝及铝合金化学分析方法》（GB/T 20975—2007）（仲裁分析方法）或《铝及铝合金光电直读发射光谱分析方法》（GB/T 7999—2015）的规定执行；直径偏差应按《裸电线试验方法　第 2 部分：尺寸测量》（GB/T 4909.2—2009）的规定执行（用投影仪进行测量）；卷绕性能按《裸电线试验方法　第 7 部分：卷绕试验》（GB/T 4909.7—2009）的规定执行（用投影仪进行测量）；电阻率按《电线电缆电性能试验方法　金属导体材料电阻率试验》（GB/T 3048.2—1994）的规定执行；体积电导率按《铝合金电导率涡流测试方法》（GB/T 12966—2008）的规定执行；线材的表面质量、接头以目视检查；上述检测项目的样本数、试验次数按《线缆编织用铝合金线》（GB/T 24486—2009）标准规定执行。

对于其他合金丝材料，按相关材料标准、合同或规范规定执行。

金属合金线材委托检验时，样品由非检验机构或质量监督机构抽取；样品数量同上述抽样检验。

3. 检验项目、检验仪器与被测参数

（1）检验项目

检验项目如表 3-17 所示。

表 3-17　检验项目

产品名称	检验项目
铜合金丝	化学成分、线材尺寸（直径及其允许偏差）、室温力学性能（抗拉强度、伸长率）、洛氏硬度、布氏硬度、维氏硬度、反复弯曲、扭曲、缠绕、残余应力、耐脱锌腐蚀性能、断口、表面质量、卷（轴）重量
铝合金丝	化学成分、直径偏差、拉伸性能（抗拉强度、断裂伸长率）、卷绕性能、电阻率、体积电导率、表面质量、接头
其他合金丝	按相关材料标准、合同或规范规定执行

（2）检验仪器与被测参数

仪器名称、型号、准确度、量程、分辨力与被测参数大小、数据取值精度如表 3-18 所示。

表 3-18　金属合金线材检验仪器与被测参数

产品名称	检验仪器与被测参数
铜合金丝	按《铜及铜合金线材》（GB/T 21652—2017）标准规定执行
铝合金丝	按《线缆编织用铝合金线》（GB/T 24486—2009）标准规定执行
其他合金丝	按相关材料标准、合同或规范规定执行

4. 检验方法

（1）检验系统框图

检验系统框图如图 3-17 所示。金属合金线材检验项目如表 3-17 所示。每一检测项目对一种产品的有效检测次数可参考表 3-18 中所述的相关标准，结果取其平均数。若金属合金线材检验测试标准缺失，则可参考相关的标准、合同或规范等进行检验测试。选用称重衡器时需要详细阅读衡器操作规程，使用强力试验机时需要详细阅读强力试验机操作规程。

（2）数据处理

数据处理可参考表 3-18 中所述的相关标准、合同或规范的规定。测试数据尾数修约时，按国家标准《数值修约规则与极限数值的表示和判定》（GB/T 8170—2016）执行。

5. 测试样品和检验仪器的检查

参见第二节相关内容。

6. 电源、环境条件要求以及检验异常处理办法

（1）电源与环境条件要求

电子传感器式强力机、空气压缩机等加装稳压电源，保持电压稳定。综合试验

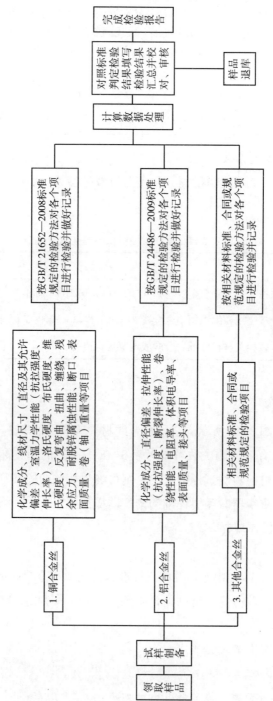

图 3-17　检验系统框图

室控制温度为（20±2）℃，相对湿度为 63%~67%。样品检验前、检验中、检验后应经常检查温度、湿度数据并作好记录。

（2）检验异常处理办法

参见第二节相关内容。

7. 检验结果判断方法

对于抗拉强度、伸长率检验项目，若金属线材样品断于夹钳处或未断于结节处，其抗拉强力、伸长率测定结果无效。检验判定依据相应的合同或相关技术规范等。将单项检验实测值与合同或相关技术规范等规定值比较，达到规定值则判定该项目合格，达不到规定值判定为不合格；监督抽查或统检的产品，按下达任务时批准的抽查方案中的规定进行判定。抽样检验，检验结果对该批产品有效；委托检验，检验结果仅对委托样品有效。复验时，测试程序与原标准测试程序相同。

主要参考文献

雷霁霖 . 2005. 海水鱼类养殖理论与技术［M］. 北京：中国农业出版社 .

廖静 . 2019. 珠海"澎湖号"网箱平台：让养殖走向深远海［J］. 海洋与渔业，（11）：62-63.

麦康森，徐皓，薛长湖，等 . 2016. 开拓我国深远海养殖新空间的战略研究［J］. 中国工程科学，（18）：90-95.

石建高，房金岑 . 2019. 水产综合标准体系研究与探讨［M］. 北京：中国农业出版社 .

石建高，孙满昌，贺兵 . 2016. 海水抗风浪网箱工程技术［M］. 北京：海洋出版社 .

石建高，余雯雯，赵奎，等 . 2021. 海水网箱网衣防污技术的研究进展［J］. 水产学报，45（3）：472-485.

石建高，张硕，刘福利 . 2018. 海水增养殖设施工程技术［M］. 北京：海洋出版社 .

石建高，周新基，沈明 . 2019. 深远海网箱养殖技术［M］. 北京：海洋出版社 .

石建高，余雯雯，卢本才，等 . 中国深远海网箱的发展现状与展望［J］. 水产学报，2021，45（6）：992-1005.

石建高 . 2016. 渔业装备与工程用合成纤维绳索［M］. 北京：海洋出版社 .

石建高 . 2011. 渔用网片与防污技术［M］. 上海：东华大学出版社 .

石建高 . 2017. 捕捞渔具准入配套标准体系研究［M］. 北京：中国农业出版社 .

石建高 . 2017. 捕捞与渔业工程装备用网线技术［M］. 北京：海洋出版社 .

石建高 . 2018. 绳网技术学［M］. 北京：中国农业出版社 .

石建高 . 2019. 深远海生态围栏养殖技术［M］. 北京：海洋出版社 .

孙满昌，石建高，许传才，等 . 2009. 渔具材料与工艺学［M］. 北京：中国农业出版社 .

孙满昌 . 2005. 海洋渔业技术学［M］. 北京：中国农业出版社 .

唐启升 . 2017. 水产养殖绿色发展咨询研究报告［M］. 北京：海洋出版社 .

徐皓，谌志新，蔡计强，等 . 2016. 我国深远海养殖工程装备发展研究［J］. 渔业现代化，43（3）：1-6.

徐君卓 . 2005. 深水网箱养殖技术［M］. 北京：海洋出版社 .

徐君卓 . 2007. 海水网箱与网围养殖［M］. 北京：中国农业出版社 .

徐乐俊，吴反修 . 2019. 2019 中国渔业统计年鉴［M］. 北京：中国农业出版社 .

中华人民共和国农业部 . 2018. 渔用聚丙烯纤维通用技术要求：SC/T 4042—2018［S］.

北京：中国农业出版社．

中华人民共和国农业部．2017. 渔用聚乙烯单丝：SC/T 5005—2014［S］．北京：中国农业出版社．

中华人民共和国质量监督检验检疫总局　中国国家标准化管理委员会．2007. 聚酰胺单丝：GB/T 21032—2007［S］．北京：中国标准出版社．

中华人民共和国质量监督检验检疫总局　中国国家标准化管理委员会．2008. 化学纤维长丝线密度试验方法：GB/T 14343—2008［S］．北京：中国标准出版社．

中华人民共和国质量监督检验检疫总局　中国国家标准化管理委员会．2017. 铜及铜合金线材：GB/T 21652—2017［S］．北京：中国标准出版社．

中华人民共和国质量监督检验检疫总局　中国国家标准化管理委员会．2013. 超高分子量聚乙烯纤维：GB/T 29554—2013［S］．北京：中国标准出版社．

中华人民共和国质量监督检验检疫总局　中国国家标准化管理委员会．2008. 合成纤维长丝拉伸性能试验方法：GB/T 14344—2008［S］．北京：中国标准出版社．

中华人民共和国质量监督检验检疫总局　中国国家标准化管理委员会．2008. 合成纤维长丝取样方法：GB/T 6502—2008［S］．北京：中国标准出版社．

中华人民共和国质量监督检验检疫总局　中国国家标准化管理委员会．2009. 线缆编织用铝合金线：GB/T 24486—2009.［S］．北京：中国标准出版社．

中华人民共和国质量监督检验检疫总局　中国国家标准化管理委员会．2017. 化学纤维含油率试验方法：GB/T 6504—2017［S］．北京：中国标准出版社．

周文博，余雯雯，石建高．2019. 渔用超高分子量聚乙烯／石墨烯纳米复合纤维的结构与蠕变性能［J］．水产学报，43（3）：697-705.

朱玉东，鞠晓晖，陈雨生．2017. 我国深海网箱养殖现状，问题与对策［J］．中国渔业经济，（2）：72-78.

左其华，窦希萍．2014. 中国海岸工程进展［M］．北京：海洋出版社．

桑守彦．2004. 金網生簀の構成と運用［M］．东京：成山堂书店．

SHI J G. 2018. Intelligent Equipment Technology for Offshore Cage Culture［M］．Beijing：China Ocean Press.